职业技能等级认定培训教材

评 茶 员

（高级）

编写单位：上海市茶叶学会

中国劳动社会保障出版社

图书在版编目（CIP）数据

评茶员：高级 / 人力资源社会保障部教材办公室组织编写． -- 北京：中国劳动社会保障出版社，2021

职业技能等级认定培训教材

ISBN 978-7-5167-5090-2

Ⅰ.①评… Ⅱ.①人… Ⅲ.①茶叶-鉴别-职业技能-鉴定-教材 Ⅳ.①TS272.7

中国版本图书馆 CIP 数据核字（2021）第 218791 号

中国劳动社会保障出版社出版发行

（北京市惠新东街 1 号　邮政编码：100029）

*

三河市华骏印务包装有限公司印刷装订　新华书店经销

787 毫米 ×1092 毫米　16 开本　9.75 印张　170 千字
2021 年 11 月第 1 版　　2025 年 1 月第 2 次印刷

定价：29.00 元

营销中心电话：400-606-6496
出版社网址：http://www.class.com.cn

版权专有　　侵权必究

如有印装差错，请与本社联系调换：（010）81211666
我社将与版权执法机关配合，大力打击盗印、销售和使用盗版图书活动，敬请广大读者协助举报，经查实将给予举报者奖励。

举报电话：（010）64954652

内容简介

为推进技能人才评价制度改革，全面推行职业技能等级制度，加快推进职业技能等级认定工作，人力资源社会保障部教材办公室组织有关专家编写了职业技能等级认定培训教材。本教材根据《评茶员国家职业技能标准（2019年版）》要求编写，适用于职业技能等级认定培训和中短期职业技能培训。

本教材介绍了高级评茶员应掌握的理论知识和操作技能，涉及茶叶品质与加工工艺的关系、再加工茶的品质审评、名优茶品鉴、茶叶理化检测等内容。

本教材可作为评茶员职业技能等级认定培训教材，也可供全国中、高等职业院校相关专业师生及本职业从业人员培训使用。

前言
Preface

为贯彻中共中央、国务院《新时期产业工人队伍建设改革方案》《关于分类推进人才评价机制改革的指导意见》精神，落实人力资源社会保障部办公厅《关于开展职业技能等级认定试点工作的通知》要求，加快推进职业技能等级认定工作，进一步规范培训管理，提高培训质量，人力资源社会保障部教材办公室组织有关专家编写了评茶员职业技能等级认定培训教材（以下简称评茶员等级教材）。

评茶员等级教材紧贴《评茶员国家职业技能标准（2019年版）》要求，在结构上按照职业功能模块编写，不但有助于读者通过等级认定，而且有助于读者真正掌握本职业的核心技术与操作技能。

评茶员等级教材共包括《评茶员（初级）》《评茶员

（中级）》《评茶员（高级）》3本。《评茶员（初级）》《评茶员（中级）》《评茶员（高级）》涵盖了相应级别评茶员应掌握的理论知识和操作技能。

　　评茶员等级教材在编写过程中得到了上海市茶叶学会等单位的大力支持与协助，在此一并表示衷心的感谢。教材编写是一项探索性工作，由于时间紧迫，不足之处在所难免，欢迎各使用单位及个人对教材提出宝贵意见和建议，以便教材修订时补充更正。

人力资源社会保障部教材办公室

编者的话

1+X 职业技术·职业资格培训教材——《茶叶审评师（初级）》《茶叶审评师（中级）》《茶叶审评师（高级）》自 2007 年正式出版以来，受到广大读者的普遍好评，已经多次重印。全国，尤其是上海的中等职业学校、培训机构等评茶员培训多采用此教材开设相关课程，一些社区评茶员培训班也将此教材用作培训教材或参考资料。2007 版教材为上海乃至全国评茶员培训做出了一定的贡献。

十多年来，我们在评茶员教学实践中收集和积累了一些新的内容和素材，同时，伴随着茶文化事业的不断发展，书中有些数据、图表和文字表述等均有不同程度修改的必要。为此，我们在广泛收集读者反馈意见和建议的基础上，在原由刘启贵任主编、周星娣任副主编、

评茶员（高级）
PING CHA YUAN

王垚任主审，王济安、卢祺义、陈金芬、汪玲平、陈瑛编写的《茶叶审评师（初级）》《茶叶审评师（中级）》《茶叶审评师（高级）》教材基础上，依据上海职业技能等级认定细目，结合这些年的教学实践，对书稿分别进行了修订，并改名为《评茶员（初级）》《评茶员（中级）》《评茶员（高级）》。新教材涉及结构调整、资料更新、错误纠正、内容扩编等，从强化培养操作技能、掌握实用技术的角度出发，较好地体现了本职业当前最新的实用知识和操作技能，将更符合职业技能等级认定的要求。

新教材由汪玲平、张扬、卢祺义、陈瑛共同修订完成，周星娣审稿。新教材虽广泛征集读者意见，但因时间仓促，不足之处在所难免，欢迎读者提出宝贵意见和建议，以便重印或修订时改正。

周星娣

Contents 目录 | 评茶员（高级）

第1章 茶叶品质与加工工艺的关系

第1节	绿茶品质与加工工艺的关系	002
第2节	红茶品质与加工工艺的关系	008
第3节	青茶品质与加工工艺的关系	013
第4节	白茶品质与加工工艺的关系	018
第5节	黄茶品质与加工工艺的关系	021
第6节	黑茶品质与加工工艺的关系	025
第7节	茶叶审评目的及审评结果与制茶工艺的关系	032
测试题		035
测试题参考答案		037

第2章 再加工茶的品质审评

第1节	花茶	040
第2节	紧压茶	044
第3节	速溶茶	049
第4节	液体茶	053
第5节	工艺茶	056
测试题		059
测试题参考答案		061

第3章　名优茶品鉴

第1节　西湖龙井	064
第2节　洞庭碧螺春	070
第3节　黄山毛峰	075
第4节　六安瓜片	079
第5节　白牡丹	083
第6节　君山银针	086
第7节　铁观音	089
第8节　冻顶乌龙	093
第9节　凤凰单丛	096
第10节　武夷岩茶	100
第11节　正山小种	108
第12节　祁门红茶	111
第13节　普洱茶	115
第14节　六堡茶	121
测试题	126
测试题参考答案	129

第4章　茶叶理化检测

第1节　取样	132
第2节　茶叶水分检测	132
第3节　茶叶灰分检测	134
第4节　茶叶粉末检测	136
第5节　数据记录与处理	137
测试题	141
测试题参考答案	143

第 1 章 茶叶品质与加工工艺的关系

- 第 1 节　绿茶品质与加工工艺的关系
- 第 2 节　红茶品质与加工工艺的关系
- 第 3 节　青茶品质与加工工艺的关系
- 第 4 节　白茶品质与加工工艺的关系
- 第 5 节　黄茶品质与加工工艺的关系
- 第 6 节　黑茶品质与加工工艺的关系
- 第 7 节　茶叶审评目的及审评结果与制茶工艺的关系

引导语

我国目前生产的茶叶依据鲜叶加工方法和茶多酚氧化程度的不同,基本分为六大类,即绿茶、红茶、青茶、白茶、黄茶和黑茶。六大类茶叶中都包含数种至数百种茶叶,其外形和内质都存在差异。

茶叶审评是茶叶学科中一项专业性很强的技术工作。评茶员要通过茶叶审评来鉴定六大类茶叶的外形和内质情况,就必须熟悉采用不同加工工艺制成的六大类茶叶在加工过程中各因素的变化对茶叶品质的影响。

学习目标

◇ 熟悉各种加工工艺对茶叶品质的影响。
◇ 掌握茶叶品质、审评结果与加工工艺的关系。

第 1 节 绿茶品质与加工工艺的关系

一、绿茶的品质特征

绿茶也称不发酵茶,绿茶的外观、汤色、叶底均为绿色,简称"三绿"。绿茶是中国历史上最早出现的茶类。绿茶品质的高低与鲜叶的嫩度有很大的关系,一般来说,鲜叶嫩度越高,制作的绿茶等级也越高。绿茶品质与季节也有很大的关系,通常春茶品质要比夏秋茶高。因此,在绿茶审评中,评定品质主要看茶叶嫩度、鲜叶采摘季节及制茶技术的运用。

二、绿茶的加工工艺及其对品质的影响

绿茶对用于制作的鲜叶质量要求很高;机械损伤芽叶越少对绿茶品质提升越有利;雨天采摘的鲜叶处理要及时,否则会直接影响绿茶的品质。因此,鲜叶质量是绿茶品

质的基础和前提，制茶技术是形成绿茶品质的关键，而在制作过程中各工艺掌握的好坏程度与绿茶品质有直接的关系。虽然制作不同绿茶的工艺在细节上有一定差异，但通常分为杀青、揉捻和干燥三道工序。

1. 杀青

杀青是绿茶加工的第一道工序，主要有锅炒杀青、滚筒杀青和蒸汽杀青三种方式。我国绿茶多用锅炒杀青和滚筒杀青，蒸汽杀青较少。杀青的目的是用高温破坏鲜叶中酶的活性，阻止茶多酚的酶促氧化和鲜叶内含物的不必要变化。杀青能蒸发一部分水分，使叶质变软，便于揉捻，促进香气形成。茶叶中酶的活性在70 ℃以上才能被破坏，因此能否使叶温迅速升至70 ℃以上是杀青工艺的关键。锅炒杀青的技术要领是"高温杀青，先高后低；透闷结合，多透少闷；老叶嫩杀，嫩叶老杀"。

"高温杀青，先高后低"中的高温，是要求鲜叶下锅前锅温必须达到220 ℃以上，一般长炒青的杀青锅温要求达到260～300 ℃。如果没有达到足够的温度，就不能破坏酶的活性，容易出现红梗红叶现象；但温度过高又会造成焦茶，产生烟焦味。另外，温度过高还会使叶子失水过快、杀青时间过短，导致茶叶内含物含量少、滋味淡。因此，若想杀青过程既能破坏酶的活性，又能促进呈味物质的转化，就必须掌握锅温"先高后低"的原则。

"透闷结合，多透少闷"中的透杀是为了散失水分、挥发低沸点的青气，这样可保存较多的叶绿素；闷杀是为了提高叶温、破坏酶的活性和促进各种物质的水解转化，使叶子能够杀透杀匀。如果闷杀时间过长，叶绿素就会大量分解，转化也会受到破坏，造成叶色黄熟。另外，闷杀时间过长还会出现水闷气，使茶叶香味淡薄。因此，在足以破坏酶活性的基础上必须掌握"多透少闷"的原则，使杀青满足杀透、杀匀、杀得适度的要求。

"老叶嫩杀，嫩叶老杀"是由于嫩叶中含水量较多、酶的活性较高，因此需要较高的温度、较长的杀青时间才能破坏酶的活性，并散发适量的水分；而较老的鲜叶则与此相反，通常老叶含水量较低，酶的活性也较低，因此杀青温度可以低些，时间也可以短些。若采用蒸汽杀青，嫩叶的杀青时间要短些，老叶则要长一些。

杀青过程是发生化学变化的过程，从品质上表现为由一种色、香、味转化为另一种色、香、味，这是杀青程度是否适当的重要标志。从化学成分上看，杀青后的芽叶，其氨基酸、可溶性糖和可溶性果胶的含量有所增加，叶绿素减少，各种色素的含量也存在不同程度的变化。例如，花黄素自动氧化为橙黄色，花青素受热发生变化失去原

来的苦味等。杀青工艺运用不当,芽叶会呈现青灰色,制成的绿茶汤色泛青、叶底呈蓝靛色、味苦,胡萝卜素和叶黄素含量也会相应减少。杀青适当,胡萝卜素可转化为芳香物质,低沸点的芳香物质也会挥发(这部分物质大部分具有青气)和转化,留下的部分就是绿茶"新茶香"的组成成分。

杀青过程中的热化学反应依其反应程度不同,会造成茶叶色、香、味的不同,叶色由鲜绿转变为暗绿而至淡黄绿、焦黄或枯黄;香气由青气转化为青花香而至熟香、焦香或水闷气;味道由苦涩转变为青涩而至醇和、焦苦或淡薄。正常的杀青程度应取中间两种,偏前则杀青不足,偏后则杀青过头(或闷黄)。

正常的杀青工艺有以下几点要求:

(1)要制止酶促作用,及时破坏酶的活性。

(2)要杀透,使内含物转化程度适当。

(3)要杀匀,要求杀青叶水分含量一致,叶质柔软程度和化学变化程度相近。

2. 揉捻

绿茶揉捻是指用人力或机械的压力和摩擦力通过揉和捻的方法使茶叶面积缩小,卷成条形,并破坏部分叶组织的作业。

绿茶揉捻通常要求:嫩叶冷揉,老叶热揉;嫩叶轻压短揉,老叶重压长揉;解块筛分(也称分筛),分次揉捻;加压必须遵循"轻、重、轻"的原则。

较嫩的鲜叶纤维素含量少,叶质较软,蛋白质、茶多酚、果胶等成分含量较多,揉捻时易于卷曲黏结成条。同时,为了避免叶绿素和其他呈香、呈味成分过多损失,嫩叶一般冷揉。较老的鲜叶因含有较多的淀粉和糖,趁热揉捻有利于淀粉糊化,便于黏结成条。此外,较老的叶子受热后,叶质变软,趁热揉捻易于成形。

除了一些高档的名优绿茶采用手揉外,绿茶揉捻大多采用机揉。机揉投叶量多,揉捻时间长,其散热比手揉慢。机揉的化学变化较手揉多,而茶叶的色、香、味变化也较手揉大,因此在制茶揉捻工艺操作中,绿茶的热揉投叶量不宜太大,否则会影响茶叶的色、香、味。由于绿茶嫩叶比老叶的叶绿素容易被破坏,嫩叶热揉其色泽也容易变黄,在审评时容易闻到低闷的气味,因此绿茶揉捻工艺的热揉一般用于老叶。

绿茶的热揉和冷揉应该根据鲜叶的嫩度不同,选择合适的叶温、叶量和揉捻时间,只有这样才能生产出高品质的绿茶。

在揉捻中为了更好地挤出茶汁,使茶叶卷曲成条,利于造型,需进行适度的加压。

加压过程必须遵循"轻、重、轻"的原则，不能一压到底或加压过重，否则不仅容易使茶叶形成扁条块和碎片，也易使揉捻叶温过高，造成叶绿素的分解和茶多酚氧化速度过快，对茶叶的色、香、味造成影响。

嫩叶的叶细胞容易变形破坏，茶汁易于揉出，纤维素含量少，也易于成条，加压可轻些，揉捻时间也可短些；老叶则相反，可适当重揉长揉。这就是"嫩叶轻压短揉，老叶重压长揉"的原因。

"解块筛分，分次揉捻"是指解散揉捻叶中的团块、筛分粗细的工艺。揉捻叶团块一般经解块筛分机的解块击散后还要在筛网上进行筛分。一般条形茶的揉捻叶用3~4孔筛。经解块筛分后较粗大的揉捻叶，依叶片老嫩程度需进行两次或三次揉捻，即为分次揉捻。

绿茶鲜叶由于嫩度不同，其柔软性和黏性也不同，揉捻成条的松紧度也不一致。如果加工条索紧、黏性大的茶叶，其揉捻的摩擦力和扭力也越大，如果继续加压揉捻，嫩叶的条索就会断碎，这时就要停止揉捻，用解块筛分方法将成条的嫩叶分离出来，将条索粗松的老叶进行第二次揉捻，并加大压力，使弹性较大的较老叶子进一步褶皱成条。因此，绿茶加工时应根据叶子的老嫩程度，采取不同的加压方法，同时与解块筛分相结合，只有这样制成的绿茶才能在审评中展现出优异的外形和内质。

3. 干燥

干燥是绿茶初制的最后一道工序，其目的是促进揉捻叶水分蒸发，形成茶叶的独特香味，以及固定茶叶的最终外形。炒青绿茶可用炒干、烘炒相结合的方法。眉茶的干燥要经过二青、三青（初炒）和辉锅过程。珠茶干燥工序则要经过二青、小锅、对锅和大锅4个过程。现在一般炒茶用炒茶机，烘茶用烘干机，也可用干燥机独自实现上述两个操作。根据干燥和杀青方法不同，绿茶又可分为炒青绿茶、烘青绿茶、晒青绿茶和蒸青绿茶。

（1）炒青绿茶。在干燥工序中使用锅炒或瓶式炒茶机炒干的毛茶，称为炒青绿茶。外形紧直的称为长炒青；圆结的称为圆炒青，也称珠茶；扁平的称为扁炒青，如龙井、旗枪、安徽大方等。

1）长炒青。长炒青应具有外形紧直，苗锋修长，色泽绿润或黄绿润，汤色、叶底黄绿明亮，香气浓郁，滋味鲜浓、浓醇或醇厚，叶底芽叶完整的特点。形态勾曲、断碎、松泡，香味烟焦，汤色、叶底暗褐的制品，均为低次产品。对长炒青的审评，外形上主要看嫩度与条索的紧结程度，滋味上则重视浓醇度，无烟焦异味。

长炒青精制后为眉茶,其中以珍眉、贡熙、针眉、秀眉为主。珍眉外形紧结,色泽绿润起霜,汤色黄绿明亮,栗香浓郁,滋味醇厚,叶底黄绿。外形条索粗松、灰色,香味不纯、有烟焦味的均为低次产品。

2)圆炒青。圆炒青主要产于浙江省绍兴市,其品质特征为外形圆结,形似珍珠,色泽深绿油润,汤色黄绿,常有栗香,滋味浓厚,叶底深绿且叶片较肥厚等。

圆炒青毛茶分为1~7级,各级茶的嫩度比长炒青稍低。鲜叶经炒干机炒制后,外形圆结,比手工制的更紧结。但部分茶香味中有烟焦味,大多是由于杀青温度过高造成的。

圆炒青经精制整形后,按其形态特征可分为珠茶、雨茶、碎茶、秀眉4种花色。

3)扁炒青。这一类茶大多是手工炒制的扁形茶,如龙井、安徽大方等。外形扁平,色泽嫩绿,嫩香持久,滋味鲜醇,汤色嫩绿明亮,叶底嫩匀。审评扁炒青时,应注重色泽鲜绿程度,形态是否扁平,大小是否一致,外表是否有茸毛等。总之,应特别注意外在形象。

(2)烘青绿茶。在制作绿茶的干燥过程中,直接烘干的茶叶称为烘青绿茶或烘青毛茶。烘青毛茶大多经精制整形做成级坯后窨制花茶。例如,茉莉花茶、珠兰花茶等,都是用烘青毛茶制成级坯后窨制而成的。审评烘青毛茶时,应注重其外形紧直程度与嫩度,应不带烟异气味。审评级坯时,应注重其嫩度与净度。烘青绿茶外形条索较松,芽叶连枝较完整,香气清香高长,滋味较醇爽,汤色较清澈明亮,叶底完整、色泽较绿,较耐泡。

烘青毛茶分5级10等或7级14等,逢双等设标准样,审评时按照实物标准茶样定等级。某一套标准茶样只适合于某一种烘青绿茶,如"浙烘青"茶样只适合做浙江部分地区产的烘青绿茶级别对照样。

烘青毛茶经精制后称级坯,分1~6级和片茶。审评要点:1~2级坯细紧有苗锋,不带梗;3~4级坯尚紧结,稍有茶嫩梗;5~6级坯较空松,有茶梗,色泽枯暗。

福建产的级坯嫩度较好,较紧结;广西产的级坯外形肥壮,1~2级坯带白毫,味较浓;浙江产的级坯条索较细,体型较小。

(3)晒青绿茶。制作绿茶的干燥工序中,直接由太阳晒干的绿茶称为晒青绿茶。晒青绿茶主产于云南,陕西也有少量生产。晒青绿茶大多用于制作普洱茶,也是部分紧压茶的原料。晒青绿茶的主要特点是茶香中含有"日晒味",这是不同于其他茶类的主要区别,大宗绿茶的炒青、烘青茶,带"日晒味"的为次品。晒青绿茶由于原料过于粗老,含梗过多而低于标准。特别是用修剪枝叶直接晒干的"大叶青",其原料更粗老,梗含量也高,品质则更低,主要作为边销茶的原料。

（4）蒸青绿茶。蒸青绿茶以日本生产、销售为主。我国从20世纪80年代起引进日本蒸青绿茶的制茶成套设备与制茶方法,开始生产蒸青绿茶,随着设备的不断引进和自制设备的增加,蒸青绿茶的产量上升较快。1997年仅浙江省的产量就有10 000 t左右,全销日本。

蒸青绿茶的基本特征是干茶色泽绿,汤色绿,叶底绿,也就是通常所称的"三绿"。正统的蒸青绿茶外形紧直似针,色泽深（茶）绿,汤色青绿,清香中常带有海藻香（似苔菜香）,滋味清爽（按中国茶的评语为青涩）,叶底青绿。如干茶的色泽、汤色和叶底为黄绿色,带栗香,味浓厚,则属于次品,不符合蒸青绿茶的品质要求。

判断蒸青绿茶的品质,应按日本市场对绿茶的品质要求与爱好进行,而不能将中国的眉茶审评方法用于蒸青绿茶审评。

蒸青绿茶分高档、中档和低档,共9级。各级茶的嫩度相当于我国各级炒青绿茶的水平。

绿茶干燥的工艺技术要注意3点,即温度、叶量和翻动。干燥温度的高低与制茶品质有直接关系,茶叶导热性差、传热慢。温度过高会使茶叶外层先干,形成"硬壳",影响叶子内部水分持续向外扩散蒸发,最终导致香味劣变、叶色干枯;温度过低,水分蒸发就慢,茶叶的香味就会淡而不爽。

叶量与干燥时的摊叶厚度有关,叶量多,相应的叶温就高,水分蒸发也就越慢,水分蒸发快慢与叶量多少呈负相关。因此,叶量的多少主要根据制茶技术对叶温和水分蒸发速度的要求来确定。

为了使叶子受热均匀和干度均匀,干燥过程中必须适当翻动。叶子的形状最终变成什么样子,取决于翻动的方向和力的大小,因此翻动工艺与茶叶外形有很大关系,审评中观察到的茶叶外形是否符合要求,与芽叶在加工中的翻动工艺是否适当有密切的关系。

绿茶干燥的第一阶段是蒸发水分;第二阶段时叶子可塑性较好,是做形的最好阶段;第三阶段是形成茶叶香味品质的主要阶段,此阶段芽叶吸附性能不断增强,周围空间中如有香气物质,就会被吸附,同样,如有烟气等不良气味也会被吸附,因此干燥过程中必须操作得当,才能制作出高品质的茶叶。

第2节 红茶品质与加工工艺的关系

一、红茶的品质特征

我国红茶包括工夫红茶、小种红茶和红碎茶。各种红茶的品质特征都是要求红汤红叶、发酵适度。发酵轻和发酵过度都会影响红茶的品质。红茶品质的高低与鲜叶嫩度也有很大关系,一般来说,嫩度高的鲜叶制作的红茶等级也高。同时,红茶的品质与鲜叶采摘的季节有一定的关系,一般春季后期采摘的鲜叶制作红茶品质较好,夏秋季节采摘的鲜叶制作红茶苦涩味重。不同种类红茶的色香味的形成过程都有着一样的化学变化,只是在变化的条件、程度上存在差异。

1. 工夫红茶

具有代表性的工夫红茶是祁门工夫红茶(也称祁红工夫、祁红、祁门红茶)和云南工夫红茶(也称滇红工夫)。

(1)祁红工夫。祁红工夫的品质特征为外形细紧,金毫显露或锋苗良好,色泽乌黑油润,高档祁红工夫汤色红艳或红而明亮,有"金圈"及"冷后浑"的现象,香气浓郁带糖香,滋味浓醇或甜醇,叶底红匀细软。审评祁红工夫毛茶和精茶,应在对照各级标准样的基础上,重点关注嫩度与条索的紧细、紧结程度。身骨空松轻飘,色泽枯灰,汤色浅薄(红),香气粗糙,滋味薄涩,叶底青暗是低次产品的特征。不同季节所产的祁红工夫品质也有所不同,春茶鲜叶嫩度高,色泽乌润,香味柔和,品质较好;夏秋茶汤色红而透明,叶底较为明亮,但滋味的鲜醇度不如春茶,总体品质比春茶稍差。

祁红工夫分为1~7级。在初制中萎凋和揉捻较重,各级成品茶外形都较紧细或紧结,其中1~3级茶有金毫或锋苗,4~5级茶也较紧结,6~7级茶较短秃。各级茶的嫩度与紧结程度都好于同级烘青级坯茶。祁红工夫是我国小叶种工夫红茶中品质最好的产品。

(2)滇红工夫。滇红工夫产于云南,其品质特征为色泽棕褐或红褐,外形条索紧结，金毫显露且肥壮，汤色红而明亮。高档的茶叶有"金圈"及"冷后浑"的现象，香气浓郁，滋味浓醇或浓甜，叶底肥软，红匀明亮。滇红工夫茶多酚含量高，茶味浓而耐泡，经 3 次冲泡还有茶味。对毛茶和精茶的审评以标准样为基础，嫩度是重点。嫩度是滇红工夫内在品质的客观标准。其精茶在嫩度达标的基础上，净度也很重要，1~2 级茶显露芽锋，不应含有茶梗与朴片。

2. 小种红茶

小种红茶有正山小种和外山小种之分。正山小种又称桐木关小种、星村小种，外山小种别名人工小种、烟小种。小种红茶是指红茶初制过程中，在干燥阶段边熏烟边烘干制得的红茶。小种红茶的初制工艺流程为萎凋、揉捻、解块、发酵、过红锅、熏焙、复火。小种红茶生产于福建武夷山市、邵武市、政和县、建阳区、光泽县等地，江西上饶的广信区、铅山县也有少量生产。小种红茶也有用低档工夫红茶熏烟制成的，但品质较次。正山小种外形粗壮紧直，身骨重实，无毫茶，色泽褐红，汤色尚红，具有松烟香，有似桂圆香，滋味甘甜厚实，叶底暗红。正山小种之"正山"表明是真正的高山地区所产之意。

毛茶经筛分提纯后，正茶分 1~4 级，副茶分片茶、末茶。商品茶要求有浓烈的松烟香，因此精茶出售前必须再次熏烟，其方法是：在每 100 kg 正茶中加清水 8 kg，茶叶吸湿回潮后放在烘笼中熏烟，烘床里放置木炭，再插入含松油的树根或松柴片暗火闷熏；也可用纯松油按万分之一的用油量熏 2 h，使油被茶叶吸收，这样茶叶会有更加明显的桂圆香。小种红茶的年产量在 1 000 t 左右，出口和内销均有。

小种红茶外形较松，色泽黑而枯，汤色红褐，具有松枝燃烧不完全的烟熏气，滋味醇厚，带桂圆香味。审评中重点抓住松烟香的纯正浓郁程度，带柴烟气味的为劣质产品。

3. 红碎茶

国际红茶市场主要销售的是红碎茶。红碎茶在国外称"black tea"，我国在 20 世纪 70 年代称其为"分级红茶"，随后改称"红碎茶"，也称"切细红茶"。目前所产的红碎茶分为 CTC 红碎茶和传统红碎茶。肯尼亚所生产的茶叶几乎全部是 CTC 红碎茶，印度也有 60% 左右的茶叶是 CTC 红碎茶。世界红碎茶总产量的 45% 为 CTC 红碎茶，55% 为传统红碎茶。目前，我国生产的 CTC 红碎茶仅占国内红碎茶总量的 2% 左右，只有云南和海南有部分茶厂生产，其他红茶产区大多生产传统红碎茶。

（1）传统红碎茶。传统红碎茶在揉切工序中以转子机切碎为主，其特点是成品茶色泽较油润，外形颗粒较紧结，滋味也较醇厚。但由于揉切时间长，茶多酚氧化过度，因此有香味钝熟的缺点。

根据传统红碎茶的外形，可简单地将其花色进行分类，具体见表1-1。

表1-1　　　　　　　　　　传统红碎茶花色分类

茶叶形态	国内称法	英文简称（国外）
较完整的毫尖茶	叶茶一号	FOP
较完整的嫩茎茶	叶茶二号	OP
细小重实含毫尖的碎茶	碎茶一号	FBOP
颗粒较细的碎茶	碎茶二号	BOP1
颗粒稍大的碎茶	碎茶三号	BOP2
颗粒较大的碎茶	碎茶四号	BOP3
质地较轻的细碎茶	碎茶五号	BOPF
较粗硬的梗朴	碎茶六号	BP
质地较轻的茶片	片茶	F
细碎呈沙粒状的碎茶	末茶	D

（2）CTC红碎茶。CTC红碎茶是指揉切工序采用CTC切茶机切碎制成的红碎茶。"CTC"为压碎、撕裂、揉卷（crushing、tearing、curling）的缩写。嫩度良好的CTC红碎茶外形颗粒圆结，即使是末茶也呈沙粒状，色泽棕红（褐），汤色红亮，香气新鲜高锐，滋味浓爽，叶底红亮。

审评CTC红碎茶时，应注重外形光洁、色泽油润、香味浓鲜等特点。用粗老鲜叶制作的CTC红碎茶色泽枯棕，显筋皮毛，香味粗青或粗涩。

（3）红碎茶加奶审评方法。红碎茶审评时可在茶汤中加入牛奶评定品质。操作方法与常规评茶方法相同，只是将茶汤倒入审评碗内，再加入一汤匙牛奶（约20 mL）。品质好的红碎茶汤色常为粉红色，滋味浓强，在奶味中仍显茶味，但发酵重或存放时间长的茶叶鲜爽度下降，色泽呈土黄色。

春茶制的中小叶红碎茶中茶多酚含量较低，茶汤中加入牛奶后，茶多酚被牛奶中的蛋白质结合，茶味显得更淡，汤色呈姜黄或乳白。

夏秋季制的轻发酵红碎茶的汤色大多有粉红色的特点。因此，可归纳为汤色由粉红→土黄→黄褐→姜黄→乳白，红碎茶的品质由好到差，滋味由强到弱。掌握了这个规律，就比较容易判断红碎茶的品质了。

（4）国外红碎茶。印度、斯里兰卡、肯尼亚是世界主要的红碎茶生产国。

印度年生产红碎茶近90万t，其中约18万t出口，其余均为内销。印度所产的红碎茶中60%~70%是CTC红碎茶，30%~40%是传统红碎茶。茶的总体品质良好，香气新鲜高锐，滋味浓强，其中阿萨姆、大吉岭所产品质更好，南印度所产品质稍差。

斯里兰卡年生产红碎茶近30万t，其中29万t供出口，是世界红碎茶出口大国。斯里兰卡所产的红碎茶中90%左右是传统红碎茶，茶的总体品质良好。其中，高地茶香味更好，具有玫瑰香；中地茶和低地茶品质稍差。

肯尼亚年产红碎茶近30万t，其中约28万t供出口。肯尼亚生产的红碎茶几乎都是CTC红碎茶，总体品质优良，大多具有良好的颗粒状，质地重实、光洁，汤色红亮活泼，香气高锐，滋味浓爽，富有收敛性，叶底红艳明亮。

我国也少量进口红碎茶，对其进行审评时应注意是当年新茶，还是隔年陈茶。如属新茶应有明亮的汤色，新鲜的香味；若汤色深暗，香味浓而钝，甚至带脂质氧化气味，往往是陈茶或受潮茶。国外红碎茶的外形规格没有我国红碎茶分得细致。常有碎茶、片茶分档不清的情况，特别是斯里兰卡的传统红碎茶。

利用国外红碎茶的滋味浓度与我国红碎茶具有的香气，将两者做适当拼配，是调剂红碎茶品质的一种方法。

我国对红碎茶的总体品质要求是叶、碎、片、末茶分清，注重滋味浓度与鲜爽度。各花色品质正常，无劣变，无异味，不含非茶夹杂物。水分含量≤6%，灰分6.5%，叶、碎、片茶中的40孔茶≤2%，末茶中的80孔茶≤1%。红碎茶的卫生标准按《食品中污染物限量》（GB 2762—2017）和《食品中农药最大残留限量》（GB 2763—2021）中有关茶叶的规定执行。

二、红茶的加工工艺及其对品质的影响

红茶的制作工艺包括萎凋、揉捻、发酵、干燥4个工序。其中小种红茶还有过红锅（杀青）和熏烟工序。

1. 萎凋

萎凋能使鲜叶散失部分水分，使叶质变软，同时又能使鲜叶发生一系列物理化学变化，它有利于后序的揉捻或揉切。萎凋方法很多，有自然萎凋、日光萎凋、加温萎凋、通风萎凋、机械萎凋等。

萎凋的程度因制作的茶类或花色品种不同而异。例如，工夫红茶通常是重萎凋，

萎凋叶的含水量一般降为58%~62%，如果萎凋程度过轻，不仅失水过少，叶质柔软程度不够，有碍于揉捻成条，而且物质的化学转化也会不充分，氨基酸和糖的形成量不足，使滋味生青欠鲜醇，香气不高。同时，物质的水解也不充分，水浸出物含量少，使茶成品滋味淡薄，因此工夫红茶制作切忌轻萎凋。而红碎茶以适度轻萎凋为宜，通常萎凋叶的含水量为64%~68%，因为红碎茶品质要求是"浓、强、鲜"，适度轻萎凋可以避免茶多酚过多地损失，同时可以增强发酵时多酚氧化酶的活性，有利于茶黄素的形成和积累，有利于各种生化反应的进行。

萎凋的物理变化是指由于鲜叶水分的减少而导致叶质变软，叶面积缩小。叶子越嫩，萎凋后叶面积缩小比例越大。

萎凋的化学变化大多是在酶的催化作用下进行的，水是化学反应的溶剂，也是酶化学反应的必需条件，前阶段失水能促进自体分解，使干物质大量消耗，后阶段迅速失水反而抑制了自体分解。因此，在萎凋过程中要采取合理的工艺措施，控制温度、湿度、风量、摊叶厚度等因素，调节物理变化，并有效地掌握化学变化的进程，使干物质消耗减少、可溶性物质相对增多，以提高红茶的品质。

2. 揉捻

红茶揉捻是让萎凋叶在一定的压力下进行旋转运动，使茶叶细胞组织破损，溢出茶汁，形成紧卷条索的过程。揉捻是提高工夫红茶品质的一道重要工序。

红茶揉捻的目的有以下几点：

（1）破坏叶细胞组织，将茶汁揉出，以便于茶多酚在酶的作用下进行氧化作用。

（2）使溢出的茶汁黏附于茶条表面，增加茶叶的色香味。

（3）将芽叶卷紧成条，使茶叶外形美观。

红茶揉捻方法视萎凋叶的老嫩而异，一般来说，嫩叶揉捻时间宜短，加压宜轻；老叶揉捻时间宜长，加压宜重。轻萎凋芽叶要适当轻压，重萎凋芽叶要适当重压。气温高时，揉捻时间宜短；气温低时，揉捻时间宜长。加压应遵循"轻、重、轻"的原则。

红茶揉捻既是茶叶内质形成的基础，也是塑造茶叶外形的关键工序，因此掌握红茶揉捻工序的技术要求对提高红茶品质有很重要的作用。

3. 发酵

发酵是将揉捻的芽叶放于特定的发酵盘中，使芽叶中的化学成分在有氧的情况下继续氧化变色的过程，也是形成红茶红叶红汤特征的过程。

发酵的目的是使芽叶中的多酚类物质在酶的作用下产生氧化聚合作用，使绿色芽叶变成红色，形成红茶的色香味品质。发酵时茶多酚氧化形成的茶黄素、茶红素能使红茶具有醇甜的滋味和红亮的汤色。

发酵温度一般先由低到高，然后再降低，当叶温开始平稳下降时，芽叶的颜色会由绿变成黄绿，芽叶的颜色变为黄红色即为发酵适度的色泽标志。从香味来鉴别，发酵适度时茶叶应具有果香，青草味消失，如带有馊酸味则表示发酵已经过度。

掌握好红茶的发酵工序是形成高品质红茶的关键。

4. 干燥

红茶干燥是将发酵好的芽叶通过高温烘焙迅速蒸发水分以达到保质干度的过程。

红茶干燥的目的有以下几点：

（1）通过高温迅速钝化各种酶的活性，停止发酵。

（2）蒸发芽叶水分，缩小体积，固定外形。

（3）散发大部分低沸点、有青气的芳香物质，激化并保留高沸点的芳香物质，使红茶获得特有的甜香。

红茶干燥时使用热空气作为介质，根据热交换原理加热芽叶带走水分，使芽叶紧缩干燥。

掌握红茶干燥的工序要求，是审评和鉴定红茶质量的重要条件。

第3节　青茶品质与加工工艺的关系

一、青茶的品质特征

在商业领域内习惯将青茶称为乌龙茶。青茶品种多，品质之间差异大，各有其色、香、味、形的特点。但从审评角度看，品质较好的青茶应具有下列特点：外形紧结重实，色泽墨绿油润，汤色橙黄明亮，香气清香高长，类似蜜桃香，滋味清爽细腻，叶底肥软，色泽黄绿明亮，稍透红色斑点，叶缘红亮。反之，外形松泡，叶质轻薄而色泽暗枯，汤色显红，香气呈足火味或老火味，滋味浓中带粗，叶底暗褐粗硬，是青茶

品质中下的特征。青茶审评中香气和滋味是重点。

青茶大多以茶树品种命名,如铁观音、乌龙、毛蟹、本山、黄金桂、肉桂、佛手、凤凰单丛等。

青茶主产于福建、广东、台湾,其他地区也有少量生产,但以福建所产青茶品质最好。

1. 福建青茶

（1）闽南产区。闽南产区主要集中在安溪、永春等县,年产青茶 2.5 万 t 以上,是福建省青茶的主产区。闽南产区所产青茶初制中大多采用包揉,毛茶外形紧结卷曲,呈"青蒂绿腹蜻蜓头"状,其中以安溪产的铁观音最好,外形圆结匀净呈螺旋形,身骨重实,色泽砂绿,汤色橙黄,具有蜜桃香,滋味醇爽可口,较耐冲泡,叶底肥厚,绿中透红点。

（2）闽北产区。闽北产区主要集中在武夷山、建瓯、建阳等地,年产青茶 1.5 万 t 以上。闽北产区所产青茶的特点是初制过程大多不经包揉,毛茶外形较紧直,色泽深绿带褐,香味较清香,叶底呈绿叶红边。闽北产区以武夷岩茶品质最好。

福建青茶根据不同茶树品种,按外形嫩度分级。其中铁观音、色种品质要求见表 1-2 和表 1-3。

表 1-2　　　　　　　　铁观音品质要求

级别	干评	湿评
特级	紧结重实,色深绿,有光泽	蜜桃香,味细腻,汤色黄亮,叶底肥软
一级	紧结尚重实,色黄绿	清香味爽,汤色黄亮,叶底尚软
二级	尚紧结,色黄褐	清香透粗,味醇厚,汤色黄深,叶底较硬
三级	欠重实,色褐枯	平和带粗或老火带粗,汤色棕黄,叶底硬
四级	枯松,多见梗杂	粗青带老气,汤色棕褐,叶质硬、多梗朴

表 1-3　　　　　　　　色种品质要求

级别	干评	湿评
特级	翠绿光润,紧结重实	花果香味,质地较细腻
一级	尚绿润,壮实	花果香味
二级	尚结实,色暗绿	清香带粗味
三级	欠重实,暗绿较枯	粗老气或老火味
四级	空松,色枯绿,带梗朴	香味粗或老火带粗

其他如闽南乌龙分一级、二级、三级，佛手分特级、一级、二级，闽北水仙分特级、一级、二级、三级，武夷水仙分特级、一级、二级、三级、四级，闽北乌龙分特级、一级、二级、三级。

2. 广东青茶

广东青茶制茶方法与闽北青茶类同，初制不经包揉，主要有凤凰单丛、水仙、乌龙等品种。其中品质最好的是凤凰单丛，其外形紧结肥壮，色泽青褐，汤色黄绿，花果香浓郁，滋味浓爽，叶底绿叶红镶边，较耐泡。

3. 台湾青茶

台湾青茶主要分为乌龙和包种两种，其中以冻顶乌龙品质最好。台湾青茶初制过程都经过包揉，但包揉程度轻重各异。台湾青茶在初制中发酵类型可分为轻、中、重三种档次。称乌龙茶的大多属重发酵茶，冻顶乌龙属中发酵茶，包种一类茶为轻发酵茶。总的来说，台湾青茶轻发酵的多。

目前青茶审评的方法有传统法和通用法两种。在福建多采用传统法，而台湾、广东和其他地区几乎都使用通用法。

传统法审评青茶时，使用110 mL钟形杯和审评碗，冲泡用茶量为5 g，茶与水的比例为1：22。审评顺序为：外形→香气→汤色→滋味→叶底。先将审评杯碗用沸水烫热，再将称取的5 g茶叶投入钟形杯内，以沸水冲泡。一般要冲泡三次，其中头泡2 min，第二泡3 min，第三泡5 min。每次都在未沥出茶汤时，手持审评杯盖闻其香气。在同一香味类型中，以第3次冲泡时香气高、滋味浓的为好。

通用法审评青茶时，使用150 mL的审评杯和容量略大于杯的审评碗，冲泡用茶量为3 g，茶与水的比例为1：50。先将称取的3 g茶叶倒入审评杯内，再冲入沸水至杯满（接近150 mL），浸泡5 min后沥出茶汤。首先热闻香气，其次评汤色（也有先评汤色，再闻香气），接着尝滋味，最后看叶底。

这两种审评方法，只要技术熟练，了解青茶品质特征，都能正确评出茶叶品质的优劣，其中通用法操作方便，审评条件一致，比较有利于正确快速地得出审评结果。

二、青茶的加工工艺及其对品质的影响

青茶所具有的独特品质特征是由它别具一格的制作工艺所形成的。青茶的制作过

程与红茶、绿茶不同，其工艺较复杂，技术要求较高。它吸取了红茶发酵和绿茶不发酵的制作原理，制作过程中既不完全破坏叶子组织，又较轻地摩擦叶缘组织，要求细胞内含物不完全变化，但又要有一部分发生氧化，如此复杂的工艺过程形成了独特的色、香、味。青茶的制作工艺流程为：萎凋→做青→杀青→揉捻→干燥。

1. 萎凋

萎凋是青茶制作的第一道工序，通过萎凋散发鲜叶中的部分水分，提高叶片的韧性，以便于后道做青工序的进行，同时使鲜叶发生一系列的化学变化，使酶的活性加强，散发部分青气，有利于成品茶香气的透出。

青茶的萎凋有别于红茶，青茶的萎凋和发酵工序不分开，两者相互配合进行，通过水分的变化控制叶片内含物的转化以达到适宜的发酵程度。青茶萎凋的常用方法有以下几种。

（1）摊青（俗称"晾青"）。将鲜叶铺开摊放在筐筅上，静置于摊青架上，酌情翻动几次，使叶片萎凋均匀。

（2）晒青。晒青是利用光能使鲜叶适度失水，对形成青茶香气和去除青气有良好作用。

（3）加温萎凋（俗称"烘青"）。用鼓风机向萎凋槽内送入热风，或在烘青房内上层铺设有孔竹席，用摊叶和控温的办法进行萎凋。

（4）人控条件萎凋。人控条件萎凋就是通过调控萎凋房温度、湿度等进行萎凋的方法。

以上4种萎凋方法在掌握好萎凋技术的前提下均能很好地发挥萎凋的作用。

2. 做青

做青是摇青和静置相结合的过程，又称"浪青"。摇青是青茶做青的关键。做青操作较为复杂，即将萎凋后的鲜叶置于摇青机中，待第一次摇青后，将鲜叶摊放于摊青架上，静置一定时间后再进行第二次摇青，如此反复摇4~5次。

摇青是鲜叶在摇动中通过叶片互相碰撞擦伤叶缘细胞，从而促进酶促氧化。经过数次摇青后，鲜叶发生一系列的变化，叶缘细胞遭到破坏，叶片呈现红边，叶片中央部分叶色变为黄绿色，即达到"绿叶红镶边"的效果。随着水分的蒸发，水溶性物质会在叶片内积累，如此有利于香味的形成。

摇青要掌握循序渐进的原则，还要根据产地、品质要求、茶树品种等具体情况进行摇青。

摇青过程中鲜叶的含水量减少，细胞破损率增加，茶多酚、儿茶素、叶绿素含量下降，茶黄素、茶红素、茶褐素、糖类含量上升，以上均为形成青茶优良品质的有利变化。

掌握做青的工艺要求，了解其化学变化过程，是鉴定青茶品质的基础。

3. 杀青

青茶的杀青是承上启下的转折工序，主要作用包括：抑制鲜叶中酶的活性，控制多酚类氧化进程，防止叶片继续变红；固定做青形成的品质并使低沸点的青叶醇物质挥发和转化，形成馥郁的茶香；通过湿热作用破坏部分叶绿素，使叶片黄绿发亮；挥发部分水分，便于揉捻。

青茶杀青前期温度要高，先闷炒迅速提高叶温，控制酶的活性，蒸发水分，然后再扬炒。因为若后期温度太高，容易使叶片炒焦。老叶含水量少，可多闷少扬。

杀青适度则叶面略皱并失去光泽，叶缘卷曲，叶梗柔软，同时青气消失，有清香气发出，叶色转黄绿。

青茶审评中如发现叶片炒焦或有青气，可能是青茶杀青过程后期温度太高，蒸发水分不透造成的。

4. 揉捻

将杀青后的杀青叶反复搓揉，使叶片由片状卷成条索，形成青茶所需外形的过程即为揉捻。揉捻工序可以破碎叶细胞，挤出茶汁，并使茶汁黏附于叶表，从而增强茶汤的浓度。

青茶揉捻一般用机揉，时间约 8 min，揉捻过程中加压要遵循"轻、重、轻"的原则，揉好的叶子要及时烘焙，如果不能烘焙也应及时摊凉，不可以积堆，避免茶叶闷黄。

掌握揉捻的操作工艺，了解青茶闷黄的原因，对审评青茶会有很大的帮助。

5. 干燥

青茶的干燥作业分为初烘和复烘两步，能抑制酶的氧化活性，促进水分蒸发，软化叶片，同时还能起到热化作用，消除青茶的苦涩味。

干燥时采取足火低温慢烘法，分两步进行，烘焙至茶梗手折断脆，气味清纯，即可起焙。

青茶的干燥工序有使青茶进一步固形和气味清纯的作用，了解该工序的操作对提高青茶的审评水平有积极作用。

第4节 白茶品质与加工工艺的关系

一、白茶的品质特征

白茶因成品茶外表满披银白色的茸毫而得名,初制不炒揉,只经萎凋和干燥两道工序。白茶的品质特征是:外形松展自然,枝叶和芽上带白色茸毫,色泽嫩绿或黄绿,汤色清澈淡黄,带毫香,滋味和淡,很耐冲泡,叶底完整,色泽淡黄。白茶主产于福建,台湾也有生产。其花色和品质按采摘嫩度和茶树品种不同可分为用大白茶品种或水仙品种的芽梢制成的白毫银针,以及由大白茶品种、水仙品种和菜茶群体种的一芽二三叶制成的白牡丹、贡眉和寿眉。白茶主销香港、澳门地区,以及新加坡、马来西亚、德国、荷兰、法国、瑞士等国家。

目前白茶的种类不多,主要有芽茶(如白毫银针)和叶茶(如白牡丹、贡眉和寿眉)。

二、白茶的加工工艺及其对品质的影响

1. 白毫银针

白毫银针的制作工艺流程为:采摘→萎凋→烘焙→筛拣→复火→装桶。

选择春季第一轮新梢萌发第一片真叶且刚出芽体尚未展开时,将茶芽连叶采下(也有从新梢上只采下茶芽的),然后进行"抽针",即将芽、叶分开,茶芽供制银针,叶片并入白牡丹原料或供制红茶、绿茶。如果迟至一二叶已展开时再采,则芽瘦梗长,茸毛稀,芽面露出,色泽泛绿,质量欠佳。夏秋茶芽小,欠壮,因此不适宜采制白茶。

白毫银针初制工艺因产地不同,略有区别。

(1)福鼎制法。将茶芽均匀薄摊在水筛上(一种具有大孔眼的大竹筛,直径约100 cm,每孔约1.4 cm²,篾条宽1 cm左右),勿使茶芽重叠。每筛摊叶约0.25 kg,摊后即置架上日晒,勿翻动,以免茶芽受机械损伤而变红。晴爽天气,晒一天至八九成

干后，用烘笼烘焙，焙心上垫一层白纸，每笼放茶芽 0.125 kg，火温掌握在 30~40 ℃。如火温太高、摊芽厚，则会出现芽色焦红、香气不纯的情况；如火力不足，则芽色容易变黑；如火候太过，芽色会变黄以至欠白。如遇天气潮湿，日晒一天只能达到六七成干时，第二天应继续晒至八九成干后再烘干；如遇雨天，当天晾不到六七成干，或当天只晒到六七成干而第二天遇到雨天时，则当晚或第二天应用 40~50 ℃ 文火烘干。风大且天气干燥时，可先在室内萎凋至减重 30% 左右，再用文火慢焙至干。

（2）政和制法。先将茶芽摊在通风阴凉处或微弱日光下萎凋至七八成干，再放在烈日下晒至全干，整个过程需 2~3 天，中途遇雨则需烘焙。也可先晒后风干，一般多于午前日光不强时晒 2~3 h，然后移至阴凉处风干。

空气湿度低时，采制的白毫银针芽白梗绿，品质好；而空气湿度高时采制的白毫银针色暗梗黑，品质低。

白毫银针精制工艺简单，一般先用六号或七号筛筛分，筛上的为正品，筛下的为次品。筛后拣去叶片和杂质，并将茶梗（俗称"银针脚"）摘掉。然后用文火烘 10 min 左右，烘至含水量 3% 左右，趁热装箱。一般 1 kg 芽叶（一芽一叶）可"抽针"（即茶芽）约 0.6 kg，单叶约 0.4 kg；7~8 kg 芽叶可制成白毫银针成品 1 kg。

2. 白牡丹与贡眉

白牡丹与贡眉的区别在于其原料采自不同品种的茶树，但两者的采制工艺基本相同，其制作工艺流程为：采摘→萎凋→烘焙（或晾干）→拣剔（或筛拣）→复火→装箱。

（1）鲜叶标准。白牡丹的鲜叶原料为大白茶品种茶树的一芽二叶嫩梢，要求"三白"，即芽白和第一二叶叶背具有浓密的白色茸毛。芽与叶的长度要求基本相等，芽的长度不应短于叶的长度，以采自春茶第一轮嫩梢者品质为佳。贡眉采自菜茶有性群体种，鲜叶要求与上述相似。

（2）初制工艺

1）自然萎凋法（以贡眉为例）。鲜叶采回后，置于水筛上，每筛放鲜叶 0.3 kg 左右，两手持筛加以转动，使芽叶均匀薄摊于筛上，以不重叠为度，这个过程俗称"开青"或"开筛"。鲜叶摊好后置于通风良好的萎凋室内的摊青架上，勿加翻动，萎凋 35~45 h，直至芽叶毫色发白，叶色由浅转深，部分叶贴在筛上。当叶缘略显垂卷、叶面出现波纹、青气消失时，即可两筛并为一筛，继续萎凋至含水量为 22% 时将两筛并为一筛，继续萎凋 10 h 左右，直至含水量为 13% 左右，即完成萎凋。

经过上述全萎凋过程的毛茶品质最好。萎凋时因为温度及湿度不同，所以萎凋叶的变化情况也可能不同。因此，萎凋时间要灵活掌握。据实践经验，室内萎凋总历时宜为48～72 h。如中途气候发生变化（变为阴而寒冷），萎凋到八成干时即可下筛摊堆。萎凋程度轻的可堆厚些，萎凋程度重的可摊薄些。如只萎凋到六七成干，应分两次烘干，初烘时烘笼温度要高（100 ℃），烘至八九成干后进行摊凉；复烘时用低温（80 ℃）烘干。如果萎凋历时过短（24 h以内），萎凋程度过轻，萎凋叶失重在40%以下即进行烘制的，成品色泽会由燥绿转为黄绿，且香味青涩，不符合白茶的品质要求。如萎凋程度未到而过分延长萎凋时间至72 h以上，审评时会发现成品茶色泽暗黑、香味低次，甚至有霉味。

2）加温萎凋法（以白牡丹为例）。初制厂常采用向萎凋室吹送热风的方法进行鲜叶萎凋，室温应控制在22～27 ℃，相对湿度应控制在60%～75%，历时25～30 h直至鲜叶含水量减到25%左右。这时叶色碧绿，叶尖翘起，叶缘垂卷，握叶有刺手感，此时应及时下筛，堆积3～4 h，直到叶片主脉变成红棕色，叶色转为暗绿，青气消失，发出鲜爽的甜香，用干燥机低温（80 ℃左右）烘干，历时约25 min。若用高温烘干，白茸毛的色泽会变黄。这种向室内吹送热风萎凋的方法制成的白牡丹成品，能保持传统风格，且品质不亚于自然萎凋的成品，萎凋时间又可大大缩短，不受气候影响。

3. 寿眉

寿眉是白茶的一种，用大白茶品种茶树的嫩叶或一般芽叶制成。成品茶色泽灰绿显浅黄，汤色清明杏黄，香气纯正欠高郁，滋味和淡，叶底黄绿见粗，品质一般。

鲜叶初制采用全萎凋方法。鲜叶采回后先摊放在水筛上，每筛摊叶约300 g，经30～40 h萎凋减重70%左右时开始拼筛，约4筛拼一筛；再经10 h摊青减重72%～73%时即为干燥适度的毛茶。

白茶产区在春季遇到阴雨寒冷天气时，可以利用地下装设的管道使地面发热，将室内温度提高到28～30 ℃，使相对湿度达到65%～70%，萎凋34～38 h至含水量为14%～16%时下筛初烘，经摊凉筛拣后用低温复烘至干。

白茶精制主要是拣去杂物，焙发香气，以利储藏。焙制过程要尽量保持芽叶连枝。白牡丹、贡眉等高级产品多用手工拣剔，其精制程序为：

```
                  ┌→ 正茶 → 匀堆 → 烘焙 → 装箱
毛茶 → 拣剔 ─┤
                  └→ 片梗 → 归副茶处理
```

拣剔去梗过程中，带有叶张的梗不宜摘下，应保持原来枝叶相连的特征。光梗尾部带有毫心而不带叶张的，其毫心部分应摘下，拣去光梗。

中级、低级产品应经平圆筛筛分。筛网配置为每英寸（1 in ≈ 2.54 cm）2.5 孔或 3.1 孔，三口出茶，分别进行拣剔，正茶为半成品，匀堆后烘焙干装箱。茶片经过筛分、风选，拣剔后拼堆成箱。

半成品拼堆后，用烘干机复火，温度为 120～130 ℃，摊叶厚约 2 cm，烘焙至含水量 5% 左右，用时约 15 min。在火候控制上，高级茶稍轻，做到以火候衬托茶香并保持毫香明显；低级茶火候要做到以火香助茶香。烘干后应趁热装箱以防芽叶断碎。装箱操作要轻，逐层摇实，加压要轻，用力要匀。

白茶审评侧重外形和嫩度，芽心肥、多茸毫的为上，色枯、瘦薄的为次。白茶的色泽以芽和叶背银白、叶面绿色的为上，暗黄的为次，带猪肝色叶张的最差。白茶春茶品质最好，夏茶最差，秋茶适中。

第 5 节　黄茶品质与加工工艺的关系

一、黄茶的品质特征

黄茶的品质特征为黄叶、黄汤。黄茶的初制方法近似绿茶，只是在揉捻前后或初烘后增加"闷黄"工序。在湿热条件下闷堆发热，可以促使茶多酚自动氧化，叶绿素分解，使叶色、汤色变黄，香味变甜熟。

二、黄茶的加工工艺及其对品质的影响

黄茶的加工工艺为：杀青→闷黄→干燥。揉捻不是黄茶必不可少的工艺过程，如君山银针、蒙顶黄芽就不揉捻，霍山黄芽只在杀青后期在锅内轻揉，也没有独立的揉捻工序。黄大茶和大叶青的叶片较大，可以通过揉捻塑造条索，但与黄叶、黄汤的形成并没有直接关系。

1. 杀青的揉捻

黄茶杀青可以破坏酶的活性，蒸发一部分水分，散发青气，对香味的形成有重要

的作用。

黄茶杀青应掌握"高温杀青,先高后低"的原则,以彻底破坏酶的活性。如果杀青温度低,审评中就会出现红梗、红叶、红汤等不符合黄茶品质特征的情况,这就要求杀青时适当地少抛多闷,以迅速提高叶温,彻底破坏酶的活性。杀青过程中,由于叶片处于湿热条件下时间较长,叶色会略微发黄,所以杀青过程也能产生轻微的闷黄作用。黄茶的杀青程度与绿茶无多大差异,某些黄茶在杀青后期因为结合滚炒轻揉做形,所以出锅时含水量会稍低一些。

黄茶揉捻可以采用热揉,因为在湿热条件下易揉捻成条,而且也不影响品质。同时,揉捻后叶温较高,有利于加速闷黄过程的进行。

2. 闷黄

闷黄是黄茶制作的独有工序,是形成黄叶、黄汤品质特征的关键工序。对于不同种类黄茶,有的是在杀青后闷黄,如沩山白毛尖;有的是在揉捻后闷黄,如北港毛尖、鹿苑毛尖、广东大叶青、温州黄汤;有的则是在毛火后闷黄,如霍山黄芽、黄大茶;还有的是闷炒交替进行,如蒙顶黄芽需经三闷三炒;另外还有烘闷结合的,如君山银针需经二烘二闷。此外,温州黄汤第二次闷黄采用了边烘边闷的方法,故称"闷烘"。

影响闷黄的主要因素是茶叶的含水量和叶温。含水量越多,叶温越高,在湿热条件下的黄变进程也就越快。

闷黄时理化变化速度较缓慢,不及黑茶渥堆剧烈,时间也较短,故叶温不会有明显上升。制茶车间的温度、闷黄的初始叶温和闷黄叶的保温措施对叶温影响较大。为了控制黄变进程,通常要趁热闷黄,有时还要用烘、炒来提高叶温,必要时也可通过翻堆散热来降低叶温。

闷黄过程要控制叶子含水量的变化,防止水分的大量散失,尤其是湿坯堆闷要注意附近环境的湿度和通风状况,必要时应盖上湿布以提高局部湿度并阻止空气流通。

闷黄时间的长短与黄变要求、含水量、叶温有密切的关系。在用湿坯闷黄的黄茶中,温州黄汤的闷黄时间最长(2~3天),而且最后还要进行闷烘,黄变程度较充分;北港毛尖的闷黄时间最短(30~40 min),黄变程度比较轻,因而常被误认为绿茶;沩山白毛尖、鹿苑毛尖、广东大叶青则介于上述两者之间,闷黄时间为5~6 h;君山银针和蒙顶黄芽的闷黄是和烘炒交替进行的,因此不仅制作工艺精细,而且闷黄是在不同含水量条件下分阶段进行的,前期黄变快,后期黄变慢,历时2~3天,属于典型的黄茶;霍山黄芽在初烘后会摊放1~2天,因此黄变不太明显;黄大茶堆闷时间长达

5~7天，但由于堆闷时水分含量低（已达九成干），故黄变十分缓慢，其深黄显褐的色泽主要是在高温拉老火过程中形成的。

3. 干燥

黄茶一般分次干燥，干燥方法有烘干和炒干两种。干燥时温度要求比其他茶类低，且有先低后高的趋势。这实际上是为了使水分散失速度减慢，在湿热条件下边干燥、边闷黄。沩山白毛尖的干燥技术与安化黑茶相似。霍山黄芽、皖西黄大茶的烘干温度要求也是先低后高，与六安瓜片的火功同出一辙，尤其是皖西黄大茶的拉足火过程温度高、时间长，色变现象十分显著，色泽由黄绿转变为黄褐，香气、滋味也发生明显变化，对其品质风味形成起重要的作用，与闷黄相比，干燥过程其黄变程度有过之而无不及。

三、各类黄茶品质情况

由于采摘标准不同，闷黄工序时间长短、先后也不同，所以就使黄茶出现了许多不同的花色品种，比较有代表性的有君山银针、蒙顶黄芽、黄大茶、霍山黄芽等。

1. 君山银针

君山银针产于湖南岳阳城西洞庭湖中的一个小岛上。君山银针芽头壮实，挺秀笔直，色泽浅黄，茸毫披露，汤色鹅黄明亮，冲泡后芽尖冲向水面，悬浮竖立，随后徐徐下沉于杯底，恰似春笋破土，笔直挺立，香气甜熟，滋味甜醇柔和，叶底全芽肥嫩、杏黄。达不到上述品质特征的，大多是周边仿制银针。君山银针初制工艺如下：

（1）杀青。锅炒杀青时，每锅投叶量约 0.3 kg，两手轻轻翻炒，不摩擦锅壁。杀青时间为 3~4 min，当芽的含水量降到 65% 时出锅。

（2）摊放。杀青出锅后，先放在竹筐内摊放 5 min 左右，然后进行簸扬，散去余热、碎末。

（3）初烘。将摊放叶放在裱糊牛皮纸的竹筐内，置于炭火上烘焙，每隔 2~3 min 轻微翻动一次，初烘至五六成干时下烘摊放 5 min 左右。

（4）初包。用双层牛皮纸包装，每包 1~1.5 kg，包后藏入木桶或铁皮桶中，闷黄 2 天左右，待芽色转为橙黄时即为闷黄适度。

（5）复烘。投叶量要比初烘增加 1 倍，待烘至七八成干时出烘摊凉。

（6）复包。方法与初包相同，仍需要藏在桶中闷包 1 天左右。

（7）干燥。经过上述工序后，黄茶品质基本形成，烘至足干即可。

初制品稍做整形就可以进行分级，君山银针分为特号、一号、二号，其中二号设置标准茶样。

2. 蒙顶黄芽

蒙顶黄芽产于四川蒙顶茶场。蒙顶黄芽外形微扁而直，芽整齐肥壮，色泽褐黄，汤色黄明，甜熟香，滋味甘醇，叶底显芽，色泽嫩黄。

蒙顶黄芽初制工艺流程为：杀青→初包→复锅→复包→三炒→摊放→四炒→烘焙。

（1）杀青。锅炒杀青时，投叶量约 150 g，抖闷结合，历时 5 min 左右，叶含水量降至 55%~60% 时趁热转入初包。

（2）初包。杀青叶起锅后立即用草纸包好，在湿热条件下把杀青叶闷黄，闷包时间为 60~80 min。

（3）复锅。将初包叶放入锅内炒 3~4 min，边炒边稍加力使茶叶直而微扁，当水分降至 44%~48% 时转入复包。

（4）复包。用纸包好，闷包 50~60 min，进一步闷黄叶色、汤色，随后转入三炒。

（5）三炒。经复包的茶叶再转入锅内炒 3~4 min，使含水量降至 30%~35%。

（6）摊放。经三炒后的茶叶趁热撒在簸箕上，厚度为 5~7 cm，上面盖草纸保温，闷堆 24~36 h，随后转入四炒。

（7）四炒。经摊放的茶叶放入锅内炒 3~4 min，进一步炒直、压扁条索，当水分降至 20% 左右且形态基本固定时出锅摊放。如色泽不太黄可再闷堆 1 天左右。

（8）烘焙。将经过四炒的茶叶放在烘笼上烘焙至足干，下烘后包装入库。

3. 黄大茶

黄大茶主产于安徽霍山和湖北英山，主销山东、苏北、山西等地。黄大茶的最大特点是大枝大叶，为一芽四五叶。黄大茶初制工艺流程为：杀青→初烘→闷堆→烘焙。先初烘至茶叶含水量为 20% 左右时即可下烘趁热闷堆 5~7 天，再足火烘至九成干，之后升高火温烘焙至足干。

黄大茶分三级六等，在二、四、六等上设置标准茶样。

4. 霍山黄芽

霍山黄芽产于安徽霍山，芽叶细嫩多毫，形似雀舌，叶色黄绿，汤色黄绿带黄圈，叶底嫩黄，滋味浓厚鲜醇，有清高板栗香味。霍山黄芽初制工艺流程为：炒茶→初烘→摊放→复火→摊放→足火。初制特点是在初烘至七成干和复火至九成干后均要进行长达1~2天的摊放，使其回潮变黄后高温烘焙至足干。

黄茶的闷黄是在湿热条件下进行的，若该工艺掌握得好，审评时能闻到黄茶的甜熟香味并观察到黄茶黄叶、黄汤的品质特征。

第6节 黑茶品质与加工工艺的关系

一、黑茶的品质特征

黑茶以边销为主，习惯上称"边销茶"。黑茶初制工艺流程为：杀青→揉捻→渥堆→干燥，其中渥堆工序是黑茶的重要加工工艺，它能促进非酶性化学变化，形成油黑或褐绿的叶色，褐黑或褐红的汤色，以及醇和的滋味，故又称"后发酵茶"。

黑茶对鲜叶的要求与再加工成的紧压茶的要求是一致的，不像红茶、绿茶要求那么严格，而且采茶以"割"代"摘"。鲜叶外形粗大，叶老梗长，但要求有一定的成熟度，叶质新鲜。

黑茶品类众多，初制和再制成形的方法不尽相同，形体多种多样，品质个性差异很大。但共性特征很明显：一是初制过程都有渥堆变色，有的是湿坯渥堆，有的是干坯后发酵；二是干茶色泽都黑褐油润，汤色褐黑或褐红，滋味醇和不涩，叶底黄褐粗大；三是黑茶成品都压制成各种形状。

黑茶主要产区在湖南安化、湖北、广西、四川、云南等地。黑茶产品主要有湖南黑茶、湖北老青茶、广西六堡茶、四川南路边茶和西路边茶，以及云南普洱茶等。

二、黑茶的加工工艺及其对品质的影响

1. 湖南黑茶

湖南黑茶的初制工艺流程为：杀青→初揉→渥堆→复揉→干燥。

（1）杀青。黑茶鲜叶粗老、梗多叶大，常采用高温快炒的方法，锅温控制在300 ℃左右，每次投叶量为5 kg左右，杀青时间约2 min，要多闷少透。当叶色暗绿、茶梗不易折断并发出清香时，即为杀青适度。

（2）初揉。杀青叶出锅后要趁热揉捻，具体方法可参照绿茶制法。

（3）渥堆。渥堆是形成黑茶特征的关键工序。一般认为，杀青后酶的活性也被破坏。黑茶渥堆时产生热量，由于微生物的作用使叶内多酚类化合物自动氧化，所以也称"后发酵"。

渥堆时要将初揉后的茶叶置于室温25 ℃以上、相对湿度85%左右的室内洁净地面上，堆高1 m左右，上面加盖湿布。堆温要控制在45 ℃左右，历时20 h左右，直到茶堆表层出现水珠。渥堆完毕后，可嗅到茶坯有酒糟和酸辣的气味，叶色呈暗黄褐色。

湖南黑茶的渥堆工序掌握得好坏与成品茶品质高低有直接的关系。在渥堆过程中，湿热作用主要受茶坯含水量影响。一般渥堆含水量以60%~65%为宜。茶坯含水量过高容易形成烂渥；含水量过低，渥堆进程缓慢，化学反应不充分。渥堆还需要适宜的堆温，一般为30~40 ℃，以不超过45 ℃为宜。在渥堆过程中叶色呈暗黄色，酒糟气味浓烈，这是其内部发生化学反应的结果，在这个变化过程中茶多酚会减少，叶绿素遭到破坏，另外一些色素如胡萝卜素、叶黄素、花黄素等也会发生一系列变化，这些变化对茶汤和叶底色泽均有影响。此外，在湿热情况下，氨基酸的含量会增加，糖类也会有变化，这对黑茶的香味也能产生良好影响，因此渥堆工艺对黑茶品质形成起着关键的作用。

（4）复揉。开堆解块复揉时，先揉堆内层，外层可继续加深渥堆，以补表层的不足。复揉时间可比初揉短，加压程度应比初揉轻。

（5）干燥。黑茶可用烘焙和晒干两种干燥方法。烘焙法要在特制的七星灶上进行，用松柴明火一次烘干，以使黑茶具有独特的"松烟香"。

2. 湖北老青茶

湖北老青茶的主要产地在鄂南咸宁的赤壁、通山、崇阳、通城等。湖北老青茶分为三级，鲜叶采割标准按茎梗皮色分为：一级茶（洒面茶）以白梗为主，稍带红梗，即嫩茎基部呈红色（俗称"乌巅、白梗、红脚"）；二级茶（二面茶）以红梗为主，顶部稍带白梗；三级茶（里茶）为当年生红梗，不带麻梗。

湖北老青茶制作工艺中，面茶较精细，里茶较粗放。传统的手工制法是：面茶为三炒、三揉（或一揉两捆仓）、一筛、两晒、一渥堆；里茶为一炒、一揉、一晒、一渥堆。现多使用机械制作方法，面茶简化为两炒、两揉、两晒、一渥堆；里茶仍为一炒、一揉、一晒、一渥堆。

面茶的制作工序流程为：杀青→初揉→初晒→复炒→复揉→渥堆→晒干。里茶的制作工序依次为：杀青→揉捻→渥堆→晒干。

（1）杀青。一般使用双锅杀青机杀青。锅温为300～320 ℃，每锅投叶量为8～10 kg。投叶后加盖闷炒6～8 min，待青气消除，发出香气，叶色变为暗绿，叶质变柔软，即可出茶。

杀青务必做到杀透杀匀，避免炒焦，以利揉捻。如杀青不透，揉捻时叶子会揉成丝瓜瓤状，并易产生脱皮梗；如杀青叶含水量过少，叶质干枯，揉捻时叶片易形成摊片，俗称"鸭脚板"。因此，杀青不透或过透都会对品质造成影响。如鲜叶叶质粗硬、叶片含水量较少或天气干燥，可先适当洒些水，再进行杀青。杀青完成后，出叶要迅速，以防烧焦产生烟焦味。

（2）初揉。杀青叶必须趁热揉捻。因湖北老青茶质地粗老，纤维素含量多，果胶质、蛋白质含量少，若不趁热揉捻，待热量和水分散失后条索会很难揉紧，叶片容易揉碎。现在一般多使用机械进行揉捻，常用的揉捻机有40型和55型两种。40型揉捻机每机每次可揉捻杀青叶7～8 kg，55型揉捻机每机每次可揉捻杀青叶20～25 kg。揉捻加压应由轻到重，逐步加压。因为杀青是闷杀，又要热揉，所以叶片表面附着了一些水分，如果揉捻一开始就加重压，则叶片易互相贴紧形成"死坨"，使中间的叶片因翻动不便而不能卷成条形。具体加压方法是：小型揉捻机先轻压1 min，再中压2 min，后重压4～5 min；中型揉捻机先轻压1～2 min，再中压2～3 min，后重压5～6 min。初揉全程共需7～11 min，以揉至叶片卷皱、初具条形为适度。

（3）初晒。初揉叶应立即初晒，其作用是蒸发部分水分，使初揉形成的外形得以固定。初晒茶坯时要注意清洁卫生，不能晒在泥地上，一定要晒在水泥场上或晒垫上。在初晒过程中要注意经常翻动，晒至茶条略感刺手，握之有爽手感，松手有弹性，即可收拢成堆，使叶间水分重新分布均匀，此时含水量为35%～40%。

（4）复炒。复炒的目的是把初晒叶炒热回软，以便复揉成条。复炒仍在杀青机中进行，但锅温较低，以160～180 ℃为宜。初晒叶下锅后应加盖闷炒，炒1.5～2 min，待盖缝冒出水汽，手握复炒叶感觉柔软时，就应出锅趁热复揉。

（5）复揉。复揉的目的是使茶条进一步卷紧，揉出茶汁，以利渥堆。复揉仍在中小型揉捻机中进行。复揉时间：小型揉捻机2～3 min，中型揉捻机4～5 min。加压仍由轻到重，但以重压为主。

（6）渥堆。渥堆的目的是使叶内多酚类化合物等物质在水热作用下继续发生化学变化，消除青气和涩味，形成湖北老青茶汤色橙红而浓、滋味醇和的特有品质。

渥堆茶坯的含水量：洒面茶、二面茶要求为 26%，里茶要求为 36%。各级茶坯应分开渥堆，不能混合。渥堆一般进行两次，中间翻堆一次。具体做法是用铁耙将茶坯筑成长方形小堆，并将其边缘部分踩紧踩实，以利保温。经过 3~5 天，洒面茶及二面茶堆温达到 50~55 ℃，堆顶布满红色水珠，叶色变为黄褐色；里茶堆温达到 60~65 ℃，堆顶布满猪肝色水珠，叶色变为猪肝色，茶梗变红。这时需要进行翻堆，用铁耙将茶堆扒开，打散团块，将边缘部分翻到中心，堆底部分翻到堆顶，重新筑堆，让茶叶继续进行非酶性的自动氧化。再经过 3~4 天，待茶堆重新出现上述水珠和叶色，原有粗青气消失，含水量接近 20%，手握有刺手感时即为渥堆适度，此时应及时将茶叶翻堆出晒。

渥堆时间的长短因茶坯含水量多少、茶堆大小和气温高低而有很大差异。为了正确掌握渥堆中的翻堆时间，必须勤加检查，做到"三多"：多看，看堆面水汽变化；多摸，用手插入堆内，试探堆温；多嗅，一般开始为水气味，逐步转变为青臭味、酸气味，到后期散发出香气时即为渥堆适度。

（7）晒干。湖北老青茶干燥时一般采用晒干法。为避免泥沙和其他夹杂物混入茶内，湖北老青茶干燥时应一律摊放在水泥场上或晒垫上，切忌晒在泥地上。晒至梗折可断，干燥刺手，含水量 15% 左右即可。

值得注意的是，在湖北老青茶制作过程中鲜叶和揉捻叶都不能堆放过久。堆放过久，会导致"渥青""渥坏"，成为"网筋叶"。揉捻好的茶坯遇到连续阴雨天不能及时晒干时，应将揉捻叶抖散堆积，压紧压实。如茶堆内发热，应及时翻动，散发热气后再堆紧。如此反复进行，直到天晴出晒。切不可将揉捻叶薄摊，这样会有利于霉菌的生长繁殖，使茶叶霉烂脱梗，叶面发黑，品质劣变。

3. 广西六堡茶

广西六堡茶因产于广西苍梧县六堡镇而得名。广西六堡茶的采摘标准为一芽二三叶至一芽三四叶，采后要保持新鲜，当天采当天制完。广西六堡茶的制作工序依次为：杀青→揉捻→渥堆→复揉→干燥。

（1）杀青。六堡茶的杀青特点是低温杀青，但相比较而言，全程温度大致上仍有一个"低、高、低"的变化过程，其他要点和绿茶杀青相同。杀青方法有手工杀青和机械杀青两种。

（2）揉捻。广西六堡茶的揉捻以整形为主，破碎叶细胞为辅。因广西六堡茶要求耐泡，细胞破碎率不宜太大，掌握在65%左右为宜。杀青叶揉捻前必须进行短时摊凉，以30 min为好。粗老叶则不必摊凉，必须趁热揉捻，以利成条。

（3）渥堆。渥堆是形成广西六堡茶独特品质的关键性工序，其目的是通过渥堆的湿热作用促进内含物的转化，减除苦涩味，使滋味变醇，消除青臭味，散发特殊香气，破坏叶绿素，使叶色转变为深黄褐色。

（4）复揉。经渥堆后的茶坯有部分水分散失、条索回松，需复揉一次，使条索卷紧，并使茶汁相互浸润，干湿一致，以利干燥。复揉时要轻压、轻揉，使条索细紧为止。

（5）干燥。广西六堡茶的干燥是在七星灶上采用松柴明火烘焙，并分初烘和足烘。足烘烘至含水量10%以下即为干燥适度。

4. 四川南路边茶和西路边茶

四川南路边茶是产自四川，主销西藏、青海和四川的甘孜、阿坝、凉山等地的一种紧压茶，花色主要有康砖、金尖，其原料粗老，包含一部分茶梗，加工过程较为复杂。

四川南路边茶的制作工序依次为：蒸汽杀青→初揉→初干→复揉→渥堆→干燥。

依全部制作工序制得的茶叶称为"做庄茶"，品质相对较好。只有杀青、干燥两道工序的"毛庄茶"相对来说品质较差，但精制后可以成为茯砖和方包茶的原料之一。

四川西路边茶简称"西边茶"，其原料较四川南路边茶更为粗老，其初制工艺简单，将刈割的茶枝条直接晒干即可，可以作为筑制方包茶的配料。西边茶的含梗率可达60%左右，主要销往四川的松潘、理县、茂县、汶川和甘肃的部分地区。

5. 云南普洱茶

（1）概况。云南普洱茶是我国历史悠久的云南产特种茶，明清时期泛指集中于当时云南的经济文化中心普洱府（今普洱市），由位于西双版纳的古六大茶山主产的茶叶。随着时代变迁和科技进步，经继承、创新和发展，现代所称的普洱茶是指我国云南省昆明、西双版纳、普洱、大理等地用云南大叶种晒青毛茶经精制整理或蒸压成形后长年储存陈化获得的茶品，以及20世纪70年代以来经技术改革创新，采用云南大叶种晒青毛茶经增湿渥堆陈化制成的产品。前者具有量少且品质不稳定、价格高的特点。而用增湿渥堆陈化工艺制作的普洱茶产品具有质量稳定、生产周期较短的特点，因其适应现代化大生产，再加上价格适中、风味好、生理调节作用明显而成为当今主流的普洱茶消费产品。

（2）普洱茶的品质特征。普洱茶具有干茶色泽褐红、条索肥壮重实，茶汤红浓明亮、陈香显著、滋味浓醇，叶底肥厚柔软，耐储耐泡的特点。

普洱茶都是以云南大叶种茶树的鲜叶经过杀青、揉捻、日晒等工序制成的晒青毛茶为原料，再经渥堆、蒸揉、成形制成的。其原料晒青毛茶分为6个等级，其品质特征见表1-4。

表1-4　　　　　　　　　　普洱茶晒青毛茶品质特征

	项目	春蕊	春芽	春尖	甲配	乙配	丙配
外形	条索	肥嫩紧直，有锋苗	肥嫩紧直，尚有锋苗	肥嫩紧尚直，无锋苗	粗壮尚紧	粗壮稍松	粗壮
	整碎	匀整	匀整	尚匀整	尚匀整	匀整稍差	欠匀整
	色泽	墨绿润泽，白毫特多	墨绿润泽，白毫多	墨绿调匀，白毫较多	墨绿欠匀，有白毫	墨绿稍花，杂有白毫	花黄少毫
	净度	无梗杂	稍有嫩茎	有嫩茎	稍有梗片	有梗片	朴片稍多
内质	汤色	黄绿清澈	黄绿明亮	黄绿尚亮	黄绿尚明	黄绿	黄绿欠明
	香气	清香浓郁	清香尚浓郁	清香尚浓	有清香	纯正	稍粗
	滋味	醇厚爽口	醇浓	醇厚	醇和	稍粗淡	粗淡
	叶底嫩度	嫩匀多芽	嫩匀有芽	嫩匀	欠嫩	匀稍粗	较粗老
	叶底色泽	黄绿明亮	黄绿尚亮	黄绿，稍有红梗、红叶	黄绿欠匀，稍有红梗、红叶	黄绿欠匀，有红梗、红叶	暗绿不匀，有红梗、红叶

普洱茶成品主要有普洱散茶（宫廷普洱）、普洱沱茶、普洱方茶（见彩图1）、普洱小沱茶，以及七子饼茶（熟饼、青饼，见彩图2）等，其产品规格及品质特征见表1-5。

表1-5　　　　　　　　　　普洱茶成品规格及品质特征

茶名	产地	规格及尺寸	品质特征
普洱散茶	勐海、思茅、下关、宜良	—	条索肥壮、重实显毫，色泽褐润，陈香显露，汤色红亮，滋味醇和，叶底红褐稍软
普洱沱茶	下关	100 g，外径8.3 cm，高度4.3 cm	外形紧结端正，色泽乌润，白毫显露，陈香纯浓，汤色红浓，滋味醇和回甘

续表

茶名	产地	规格及尺寸	品质特征
普洱方茶	昆明、勐海	250 g，10.1 cm×10.1 cm×2.2 cm； 100 g，2.5 cm×8.5 cm×2 cm	白毫显露，香气纯浓，滋味浓厚，汤色红明，叶底嫩匀尚亮
普洱小沱茶	下关、昆明	2 g，直径 2.1 cm， 高度 1.2 cm	色泽暗褐，香气纯正，汤色橙红，滋味醇厚
七子饼茶（熟饼）	勐海、下关、昆明	357 g，直径 20 cm， 中心厚度 2.5 cm，边厚 1 cm	色泽褐润，白毫显露，香气浓纯，汤色红亮，滋味醇和
七子饼茶（青饼）	勐海、下关、昆明	357 g，直径 20 cm， 中心厚度 2.5 cm，边厚 1 cm	色泽褐润，白毫显露，香气浓纯，汤色黄绿，滋味浓强

（3）现代普洱茶的加工工艺。新中国成立以后，随着科技进步以及产地运输条件的改善，茶叶运输已经不再需要承受人背马驮、日晒雨淋之苦，普洱茶发展进入新阶段。由于国内外需求增加及生产运销条件变化，普洱茶制法在产销区得以继承和创新，发展形成了独具特色的现代人工渥堆后发酵普洱茶，20 世纪 70 年代后该技术逐步走向成熟。现代普洱茶加工工艺流程为：

```
          ┌→ 包装 → 检验出厂（普洱散茶）
    灭菌 ─┼→ 压制干燥 → 包装 → 检验出厂（普洱紧压茶）
          └→ 深加工（普洱速溶茶）
```

人工渥堆技术是我国普洱茶生产技术的重大改革与创新，是勤劳智慧的中国茶人继 17 世纪发明红茶后对世界茶业的又一重大贡献，应当记入世界茶业史册。

（4）普洱茶的化学成分与品质形成。普洱茶在加工过程中采用了晒青、渥堆、陈化等特殊工艺，使制作过程中其化学成分发生了一系列变化。特别是在渥堆过程中茶多酚、儿茶素减少，茶黄素和茶红素聚合，可溶性糖含量下降，茶褐素和不溶性茶多酚含量增加，大大降低了茶汤的收敛性和苦涩味，使茶汤滋味醇和不涩，再加上较高的可溶性浸出物含量，就形成了普洱茶滋味醇厚、汤色红褐和耐冲泡的品质基础。

另外，在化学成分转化的同时，各种化学成分的比重也进行了重新分配，并产生了一系列新的化学成分及新的可溶性化合物，特别是醛类化合物的含量大幅增加，这些香气物质进一步聚合，从而形成了普洱茶陈香醇爽的品质风格。

第7节 茶叶审评目的及审评结果与制茶工艺的关系

一、茶叶审评的目的

茶叶审评通常也称感官审评。审评结果的正确性取决于审评人员的技术水平。评茶人员必须经过严格的专业培训，且要积累一定工作经验，并通过考核取得相应技能等级证书。茶叶感官审评工作既科学又快捷，到目前为止，茶叶感官审评工作是任何仪器都无法代替的。

茶叶审评工作归纳起来有以下几个目的：

1. 通过茶叶审评工作鉴别茶叶品质的优劣、等级的高低。
2. 通过鉴别茶叶品质的优劣初步确定茶叶价格的高低。
3. 通过茶叶品质的鉴定了解制茶工艺运用是否得当。
4. 根据茶叶审评结果中发现的茶叶品质问题进一步改进制茶工艺，提高制茶技术和茶叶品质。

二、茶叶审评结果与制茶工艺的关系

茶叶审评结果既是对茶叶品质评定的结论，也是对制茶技术运用是否正确的评价，同时还是"看茶做茶"经验贯彻是否恰当的体现。因此，审评人员不仅是鉴别茶叶品质高低的技术能手，同时也要懂得制茶技术。制茶技术运用不妥当会影响茶叶的品质，其影响的程度大小可以在茶叶审评结果中得以体现。根据审评结果，以偏离规范制茶技术的程度为依据，制定纠正措施，可以反过来进一步改进和指导茶叶加工、生产，促进制茶技术人员改进制茶工艺和提高制茶技术，不断积累经验，提高茶叶品质，减少因制茶技术运用不当或制茶工艺不适而导致茶叶品质有瑕疵，甚至破坏茶叶正常品质的现象。

一款茶叶品质的高低首先取决于鲜叶质量的高低，鲜叶质量好，符合采摘标准，是制作相应规格茶叶的基础，但在制茶过程中，制茶技术运用适当与否是决定茶叶品质优劣的主要因素。制茶技术掌握得不好，即使是优质的鲜叶，也不能加工出优质的茶叶。制茶技术运用不当，会体现在茶叶的形状、色泽、香气、滋味、叶底等主要因子中，茶叶审评工作能够一一鉴定出来。

不同茶类的制茶工艺不同，就是同一茶类、同一制茶工艺在制茶过程中对不同鲜叶的处理方法也会不同，不同的处理方法表现在同一审评因子的审评结果中也会有差异。总之，不管采用何种制茶技术，其制作的茶叶的品质特征都是通过茶叶审评的八项因子或五项因子分别表现出来的，审评结果与制茶工艺有着密切的关系。为方便广大学员掌握学习方法，下面就审评八项因子中的主要因子进行举例说明。

1. 条索

无论制作何种茶类，鲜叶都是制茶基础。因此，鲜叶的质量高低是制茶技术发挥的前提。茶叶形状不同，审评评语描述也不同。

在茶叶外形审评结果中经常会看到这样的形状评语，如在审评条形茶时，经常会看到"条索松扁"的评语。条索松扁产生的原因有哪些？这就要求审评人员把审评结果与制茶工艺结合起来，分析造成这种结果的原因，找到它们之间的关系。导致条索松扁的原因有以下几个方面。

（1）鲜叶质量的原因。鲜叶老，茶汁含量少，如果揉捻压力运用不科学，就会产生松条。

（2）制茶技术的原因。制作过程中揉捻压力运用不当，特别是茶叶已经成条之后，后续的压力不应过大或过小，因为过大会产生扁条，过小则会产生松条。

2. 色泽

影响茶叶色泽的因素很多，既有鲜叶原料方面的，又有制茶技术方面的。如审评结果为"色泽花杂"，其产生原因可能有以下几种。

（1）鲜叶品种不同。用于制茶的鲜叶品种不同或同一品种而来自不同地区，制成的干茶都会出现色泽花杂的现象。而且，来自阳坡茶树的鲜叶干茶色泽绿中带黄，而来自阴坡茶树的鲜叶干茶色泽绿中带黑。

（2）采摘的鲜叶摊放时间不同。没有经过摊放的鲜叶制成的干茶颜色较深。

（3）鲜叶等级不清、老嫩不匀，制成的干茶也会产生色泽花杂的现象。

（4）鲜叶处理不及时。因技术处理不及时，使鲜叶在加工过程中发酵不足或发酵过度，导致干茶色泽花杂。

3. 香气

茶叶香气的形成过程是非常复杂的，既与鲜叶的生长环境有关，更与制茶工艺有关。如审评结果为"青气过重"，主要原因有以下几个方面。

（1）杀青温度不够高或投叶量过大，鲜叶没有杀透，青气留在茶叶中的含量多，制成的干茶会有青气。杀青中杀青叶量大，翻动不及时，有时还会出现水闷气。

（2）锅的温度虽然达到了杀青要求，但杀青时间过短，制成的干茶青气也会重。这是制作高档绿茶、黄茶最容易出现的问题。

4. 滋味

茶汤是茶叶用途的具体表现，滋味的特点是审评的主要因子。茶叶的滋味除了受内含物含量影响之外，受茶叶制作工艺影响也较大。如审评结果为"有苦涩味"，主要原因有以下几个方面。

（1）鲜叶品种的原因。有些鲜叶品种除了制作有深度发酵和渥堆工艺的茶类之外，制作成其他茶类的茶叶都会带有不同程度的苦涩味。

（2）季节的原因。夏秋季节采摘的鲜叶，制作成绿茶、青茶、白茶和黄茶往往都会产生苦涩味。

（3）制茶工艺的原因。制作红茶、黑茶时，如发酵和渥堆程度较轻，茶汤滋味也会产生苦涩味。

5. 汤色

在审评茶叶汤色时，有时会出现"混浊"或"稍暗"的情况。引起汤色混浊的原因比较多，主要有以下两方面。

（1）如红茶在发酵时或黑茶在渥堆过程中鲜叶堆得过厚，又未及时翻动，或发酵、渥堆时间过长，都可能会导致汤色稍暗，甚至混浊的现象。

（2）洞庭碧螺春冲泡后汤色也会出现混浊的现象，对于这种情况要仔细分析。一种原因是洞庭碧螺春在搓揉过程中未能及时解开已成团状的芽叶，导致芽叶发酵或腐烂。另一种原因是冲泡方法不对，因为洞庭碧螺春芽叶上披满茸毛，用下投法冲泡时，由于沸水冲动芽叶，芽叶上的茸毛会大量脱落在茶汤中，也会产生汤色混浊现象。

6. 叶底

叶底是审评鲜叶质量是否符合要求和制茶工艺运用是否得当的重要因素，因此审评人员一定不要忽视对叶底的鉴定。叶底最常见的评语为"花杂"。叶底出现花杂的原因很多，要想通过审评结果找到真正的原因，就必须对各种情况加以分析。出现花杂的原因概括起来主要有以下几点。

（1）鲜叶的质量原因。如果鲜叶是夏秋季节采摘的，制成的绿茶叶底会出现花杂的现象；鲜叶的品种不同，制成的干茶叶底也会出现花杂。

（2）加工工艺的原因。制绿茶时，采下的鲜叶未及时摊凉造成部分鲜叶发酵，或鲜叶破损未及时杀青，或鲜叶存放时间较长未及时加工等，制成的干茶叶底都会出现花杂；制红茶时，鲜叶发酵偏轻或没有完全发酵，制成的干茶叶底也会出现花杂。

总之，无论是品质优良的茶叶，还是存在问题的茶叶，都是通过审评专用评语即审评结果来表达的。通过审评结果可以判定鲜叶质量的高低或加工技术运用得是否得当，通过分析找到问题存在的原因，可以进一步改进制茶工艺技术，提高茶叶品质。

测试题

一、判断题（下列判断正确的请打"√"，错误的打"×"）

1. 红碎茶的品质要求是浓、强、鲜。　　　　　　　　　　　　（　　）
2. 青茶的香气要求为蜜桃香。　　　　　　　　　　　　　　　（　　）
3. 君山银针产自于湖北鹿苑。　　　　　　　　　　　　　　　（　　）
4. 普洱茶鉴定中，滋味审评主要看醇度。　　　　　　　　　　（　　）
5. 黄大茶的外形品质特征是芽大、叶大。　　　　　　　　　　（　　）
6. 绿茶杀青的作用就是破坏鲜叶中酶的活性。　　　　　　　　（　　）
7. 茶叶加工中干燥工序的作用仅仅是蒸发芽叶中的水分。　　　（　　）

二、单项选择题（下列每题的选项中，只有1个是正确的，请将其代号填在横线空白处）

1. 一般来说，茶叶的外形主要是在_____工序中确定的。
   A. 杀青　　　　　B. 揉捻　　　　　C. 干燥　　　　　D. 萎凋

2. 圆炒青初制加工的干燥工艺一般分为_____、小锅、对锅和大锅4个工序。
   A. 头青　　　　　B. 二青　　　　　C. 三青　　　　　D. 末青

3. 青茶外形重视_____，忌断碎。
   A. 色泽　　　　　B. 整碎　　　　　C. 净度　　　　　D. 身骨

4. 黑茶渥堆又称为_____。
   A. 后发酵　　　　B. 重发酵　　　　C. 先发酵　　　　D. 轻发酵

5. 鲜叶中的_____是形成普洱茶品质的重要物质。
   A. 叶绿素　　　　B. 糖类　　　　　C. 多酚类物质　　D. 香气物质

6. 揉捻加压的顺序必须遵循_____。
   A. 重、轻、重　　B. 轻、轻、重　　C. 重、重、轻　　D. 轻、重、轻

7. 白茶的加工工艺是_____。
   A. 晒青、干燥　　B. 揉捻、干燥　　C. 发酵、烘干　　D. 萎凋、干燥

三、多项选择题（下列每题的选项中，至少有2个是正确的，请将其代号填在横线空白处）

1. 绿茶按照干燥和杀青工艺的方法不同可分为_____。
   A. 炒青绿茶　　　B. 晒青绿茶　　　C. 烘青绿茶　　　D. 蒸青绿茶

2. 红茶发酵工艺中，鲜叶中的多酚类物质氧化形成_____等物质，成为红茶滋味醇甜和汤色明亮的主要成分。
   A. 茶红素　　　　B. 茶褐素　　　　C. 茶氨酸　　　　D. 茶黄素

3. 青茶茶树品种很多，其大多数也是以茶树品种命名的，下列茶名中_____是以茶树品种命名。
   A. 铁观音　　　　B. 岩茶　　　　　C. 乌龙　　　　　D. 凤凰单丛

4. 白茶是加工工艺比较简单的茶类，花色数量相对绿茶较少，_____是白茶的花色。
   A. 白牡丹　　　　B. 贡眉　　　　　C. 寿眉　　　　　D. 珍眉

5. 黄茶是生产数量比较少的茶类之一，其加工工艺比较特殊，_____不是黄茶特有的加工工艺。
   A. 杀青　　　　　B. 闷黄　　　　　C. 揉捻　　　　　D. 干燥

6.黑茶也是传统茶类之一，在我国边销茶中占有主要地位，下列加工工艺中属于黑茶加工工序的是_____。

A. 杀青　　　　　B. 包揉　　　　　C. 闷黄　　　　　D. 渥堆

测试题参考答案

一、判断题

1. √　2. √　3. ×　4. ×　5. ×　6. √　7. ×

二、单项选择题

1. B　2. B　3. B　4. A　5. C　6. D　7. D

三、多项选择题

1. ABCD　2. AD　3. ACD　4. ABC　5. ACD　6. AD

第 2 章 再加工茶的品质审评

- 第 1 节　花茶
- 第 2 节　紧压茶
- 第 3 节　速溶茶
- 第 4 节　液体茶
- 第 5 节　工艺茶

评茶员（高级）
PING CHA YUAN

引导语

再加工茶是以各类成品、半成品茶叶为原料，经过各种不同形式的再加工工艺制成的。

我国地域辽阔，各地区人们的生活习惯不同，所喜爱的茶叶品种也有所不同。随着人们生活水平的不断提高和茶文化的弘扬和发展，各地人们对茶的爱好和要求也在不断加深与提高。由此而生的再加工茶的品种也越来越多。本教材以大家所熟悉的花茶、紧压茶、速溶茶、液体茶与工艺茶为重点介绍品质审评内容，这是高级评茶员必须掌握的知识内容和实际操作要求，学好此部分内容可以更好地为社会服务。

学习目标

- 熟悉再加工茶的基本情况。
- 掌握再加工茶的理论知识和再加工茶的品质形成过程。

第 1 节　花茶

一、花茶概况

1. 花茶的种类

花茶的种类很多，有茉莉花茶、白兰花茶、珠兰花茶、玳玳花茶（也称代代花茶）、桂花茶、玫瑰花茶等，其中以茉莉花茶的产量最多、饮用面最广。

2. 花茶的产地

花茶的产地有福建的福州、宁德，江苏的苏州、南京，浙江的金华、杭州，四川成都，广西桂林，广东广州等地。

茉莉花茶因产地不同，质量上会有很大的差异。例如，福建产的茉莉花茶各级级坯嫩度都很好，特级高档的有银毫、春风、雀舌；广西产的茉莉花茶外形肥壮，一级茶坯显芽。

珠兰花茶主产于安徽歙县、浙江金华、江苏苏州，成品茶清香柔和，滋味醇和耐冲泡。

白兰花茶主产于广州、福州、苏州、成都等地，成品茶花香浓烈，带熟苹果香，滋味醇厚。

玳玳花茶主产于浙江金华、江苏苏州，成品茶清香幽雅，滋味醇和，花香味浓且耐泡。

桂花茶主产于桂林、杭州、苏州、南京等地，成品茶香气较浓，但不鲜灵。

玫瑰花茶主产于福建、广东、广西，成品茶汤色红亮，甜香浓郁。

二、主要花茶的品质特征

1. 茉莉花茶

茉莉花茶是用已经加工干燥的茶坯为原料，与含苞待放的茉莉鲜花混合窨制而成的再加工茶，其色、香、味、形与茶坯的种类、质量及鲜花的品质有密切的关系。大宗茉莉花茶以烘青绿茶为主要原料，统称茉莉烘青。茉莉花茶的分级品质要求见表2-1。

表2-1　　　　　　　　　　茉莉花茶的分级品质要求

级别	应具有的最低品质
一级	条索细紧、匀整，花香味浓，有一定鲜灵度
二级	条索紧结重实，花香味纯浓
三级	条索尚紧结，稍有梗朴，花香味纯正，稍带兰花香
四级	条索较短秃，有梗朴，有茉莉花香和兰花香
五级	条索较松扁，质地较轻，有花香味，茶叶较粗
六级	条索松扁，身骨轻，露梗朴，有花香，茶叶粗涩

注：一二级茶水分限量≤8.5%，三至六级茶水分限量≤8.8%。

2. 珠兰花茶

珠兰花茶是以绿茶茶坯为原料，然后混入珠兰花窨制而成的再加工茶。

具体制作方法为：先将珠兰鲜花拆花、摊放，再与茶坯拼和、通花、复火、匀堆、装箱。下花量一般为每100 kg茶坯拼5~7 kg鲜花（级外茶为3~4 kg），窨制15~20 h后不去花干也不提花，复火后待茶温降到40 ℃左右即可装箱。

珠兰花茶原来分 1~4 级，但所用茶坯相当于 3~6 级。现统一规格，成品珠兰花茶分为 3~6 级，级坯嫩度与茉莉花茶的同级嫩度相同。珠兰花茶清香柔和，滋味醇和，耐冲泡。珠兰花茶因为带花干复火，所以常由于花枝未干导致成品茶含水量大于 10%。珠兰花茶审评时应注重花香的纯度，以及是否带陈霉味。

3. 白兰花茶

白兰花茶是指用白兰花窨制的花茶，北方习惯称之为"玉兰花茶"。白兰花为木兰科含笑属常绿乔木，在广东、福建为露天栽培，但在北方冬天结冰的地区只能盆栽，入冬后移入花房防冻。白兰花花期很长，4—11 月都有花，8—9 月为盛花期，色泽乳白，花蕾似毛笔头，直径约 1 cm，长 4~5 cm。白兰花待花瓣微微张开时采下，可于室内稍做摊放。

窨花前先将鲜花轧碎或人工拆瓣弃花心。茶坯要烘干至水分含量低于 5.5%，否则窨花后成品茶水分含量会超过 10%，易陈化变质。

白兰花茶的窨制流程为窨花拌和、匀堆装箱，不需要通花、起花、提花、复火。每 100 kg 茶坯，级内茶拼鲜花 5~6 kg，级外茶拼鲜花 4~5 kg。成品茶分 1~6 级，副茶分片、末和茶心。有的茶厂无一级、二级茶坯，起点级是 3~6 级，级坯嫩度与茉莉花茶的同级嫩度相同。

白兰花茶的品质特征是：花香浓烈，带熟苹果香，滋味醇厚。白兰花茶主产于广州、福州、苏州、成都等地，年产量 2 000~3 000 t，主销山东、陕西等地，产销量仅次于茉莉花茶，是销区喜爱的大宗花茶。

4. 玫瑰花茶

玫瑰花茶是指用玫瑰花窨制的花茶，所用茶坯大多为工夫红茶。玫瑰为蔷薇科蔷薇属落叶灌木，枝上长小刺，4—10 月为开花期，5—6 月为盛花期。玫瑰花朵肥大，属重瓣花，颜色有大红、紫红、白色、黄色等，用于窨花的多为红玫瑰。玫瑰花的窨花方法是：先将鲜花拆瓣，再筛去花蒂，然后将茶坯复火烘至水分含量为 4.5% 左右，最后冷却。玫瑰花茶的窨制工艺流程为：窨花拌和→加温窨制→通花→带花复火→中途起花→筛出花干→提花→匀堆装箱。每 100 kg 茶坯配鲜花 1 级 17 kg、2 级 16 kg、3 级 15 kg、4 级 14 kg、5 级 14 kg、6 级 12 kg，提花都为 2 kg，加温后囤窨 18~20 h，当囤内茶温升到 45 ℃时应通花散热。通花一天后，当花瓣褪色至淡黄时即要复火。复火后筛出花渣，茶坯仍盛放在囤内一天左右，趁茶微热时进行提花。提花用的花干不需筛出。成品玫瑰花茶若汤色红亮、甜香浓郁、香气芬芳，则为玫瑰花茶中的佳品。

5. 玳玳花茶

玳玳花茶是指用玳玳鲜花窨制的花茶或在成品绿茶中添加已被烘干的玳玳花。玳玳花每年 4—5 月开花，花期 30 天左右，花朵洁白细小，与橘子花相似。

玳玳花茶窨制工艺流程为：先将玳玳鲜花摊放至花蕾微微破头即可付窨，然后再窨花拌和、加温热窨、通花、收堆续窨、带花复火、中途出花（花渣烘干）、冷却、提花（将鲜花轧碎后筛去花蒂再用）、拼和、匀堆，最后即可装箱。每 100 kg 茶坯用 32 kg 鲜花窨制，用 2 kg 鲜花提花。

玳玳花茶清香浓郁，具有开胃通气和帮助消化的保健功能，是药食同源食品之一。

6. 桂花茶

桂花茶窨制工艺流程为：茶坯先复火至含水量小于 5% 后冷却，鲜桂花要先经过摊放散热、过筛、捡出枝叶等杂质后再进行窨花拌和、通花散热、收堆续窨、匀堆，最后即可装箱。桂花茶大多采用囤窨，也有用箱窨的，囤（箱）温高于 40 ℃ 时要通花散热，茶叶温度降到 35 ℃ 左右时应收堆复窨。每 100 kg 茶坯用鲜桂花 7 kg，窨花过程约 48 h，然后就可匀堆装箱，中间不用提花、起花、复火。如果水分含量超过 10% 就要复火，否则易产生霉变。桂花茶所用茶坯大多是绿茶和青茶，很少用红茶。

桂花茶香气较浓，但不鲜灵，茶中所含干花色泽黄的为上品，带黑干花的为下品。桂花茶大多是 4~6 级的中下档茶。

三、花茶审评

花茶外形审评条索、嫩度、整碎和净度，窨花后的条索稍松一些，色泽带黄也属正常。花茶内质审评香气、汤色、滋味和叶底。花茶的品质审评以香味为主，通常从鲜、浓、醇三个方面进行审评，一般开汤后先嗅香气，再看汤色、尝滋味，最后看叶底。花茶的汤色一般比茶坯深一些，但滋味较醇，叶底主要看嫩度和匀度。

花茶内质审评有两种方法，一种是单杯审评，另一种是双杯审评。

1. 单杯审评

单杯审评又分为单杯一次冲泡法和单杯二次冲泡法。

（1）单杯一次冲泡法。一般称取 3 g 花茶，用 150 mL 杯或碗冲泡。如花茶中有花渣则必须拣净，因为花中含有较多花青素，用沸水冲泡后会增加茶汤的苦涩味，影响

审评结果的正确性。花茶冲泡时间为 5 min，开汤后先看汤色是否正常（看汤色的速度要快），接着趁热嗅香气并审评鲜灵度，茶汤变温后再嗅浓度和纯度。审评滋味时，花香味上口快而且爽口，说明鲜灵度好，接着审评滋味浓醇。冷闻香气时要审评香气的持久性。对花茶审评技术比较熟练的人员可采用此种方法。

（2）单杯二次冲泡法。单杯二次冲泡法是指一杯茶样分两次冲泡，第一次冲泡 3 min 审评香气的鲜灵度和滋味的鲜爽度；第二次冲泡 5 min，审评香气的浓度、纯度以及滋味的浓醇。以这种方法审评，结果正确性较一次冲泡法好，但操作上较麻烦，用时也长，对初学者比较合适。

2. 双杯审评

双杯审评是指同一茶样冲泡两杯。目前，双杯审评也有两种方法，一种是双杯一次冲泡法，另一种是双杯二次冲泡法。

（1）双杯一次冲泡法。同一茶样称取两份，两杯同时冲泡，冲泡时间为 5 min，先看茶汤的色泽，再趁热嗅香气并审评鲜灵度和纯度，然后评滋味，最后冷嗅香气的持久性。

（2）双杯二次冲泡法。同一茶样称取两份，每份 3 g，第一杯只评香气，分两次冲泡。第一次冲泡 3 min，评香气的鲜灵度；第二次冲泡 5 min，评香气的浓度和纯度。第二杯专评汤色、滋味、叶底，原则上一次冲泡 5 min。

第 2 节　紧压茶

一、紧压茶概况

1. 紧压茶产区分布

紧压茶主产于湖南、湖北、四川、贵州、云南、广西也有少量生产。全国边茶年产量 50 000～60 000 t，压制成紧压茶后，主销新疆、内蒙古、甘肃等地，是边区少数民族必不可少的饮料。

黑茶类中的紧压茶品种、花色很多，包括茯砖茶（见彩图 3）、康砖茶、青砖茶

(见彩图 4)、黑砖茶、方包茶等数十种之多。其中,湖南主产茯砖茶、黑砖茶、花砖茶,湖北主产青砖茶,四川主产康砖茶、金尖茶。

紧压茶的原料较为粗老,因此在干燥前和干燥后都要进行渥堆。渥堆时间长达数月,其间叶温上升,茶多酚自动氧化,可去除粗青味,使茶叶香味转纯。

2. 紧压茶加工方法

压制前先将原茶蒸热,使原茶吸收水分而软化,再装入模框内压制定型,随后脱去模框烘干。一般需烘 10 天以上,使茶砖缓慢失水,如快速烘干则常会出现茶砖外干内湿、砖块龟裂等不合要求的情况。

紧压茶的外形由压制模框的形状而定。砖茶形似砖块,沱茶形似碗臼,紧茶形似蘑菇(见彩图 5)。各种紧压茶均要求外形光洁,棱角分明,不龟裂、不起层落面,滋味醇和,有陈香味,无青涩味,汤色棕褐,叶底黑褐。

二、主要紧压茶的品质特征

1. 湖南砖块形茶

湖南砖块形茶有黑砖茶、花砖茶、特制茯砖茶(简称"特茯")和普通茯砖茶(简称"普茯")4 种产品。

审评湖南砖块形茶注重外形平整,厚薄一致,四角边缘分明,包装文字清晰,计量达标;内质要求有褐润的汤色,纯正的香气,醇厚不涩的滋味,深褐色的叶底。湖南砖块形茶的理化标准见表 2-2,成品尺寸与感官品质见表 2-3。每件单位净含量允许正差 1%,负差 0.5%;块重允许正差 2.5%,负差 1.25%。茯砖茶、黑砖茶的梗长度要求不超过 3 cm。

表 2-2　　　　　　　　　　湖南砖块形茶的理化标准

名称	净含量 /kg		理化标准				卫生标准 /(mg/kg)			
	件	片	水分	灰分	含梗	杂质	六六六	滴滴涕	铜	铅
特制茯砖茶	40	2	≤ 14%	≤ 9.0%	≤ 18.0%	≤ 1.0%	≤ 0.4	≤ 0.2	≤ 60	≤ 3
普通茯砖茶	40	2	≤ 14%	≤ 9.0%	≤ 20.0%	≤ 1.0%	≤ 0.4	≤ 0.2	≤ 60	≤ 3
黑砖茶	40	2	≤ 13%	≤ 7.5%	≤ 18.0%	≤ 0.8%	≤ 0.4	≤ 0.2	≤ 60	≤ 3
花砖茶	40	2	≤ 13%	≤ 7.5%	≤ 15.0%	≤ 0.7%	≤ 0.4	≤ 0.2	≤ 60	≤ 3

表 2-3　　湖南砖块形茶成品尺寸与感官品质

名称	规格		品质				
	形状	尺寸	色泽	汤色	香气	滋味	叶底
特制茯砖茶	长方块	35 cm × 18.5 cm × 5 cm	黑褐	黄红	桂圆香	醇厚	黑褐
普通茯砖茶	长方块	35 cm × 18.5 cm × 5 cm	黄褐	黄褐	桂圆香	尚醇厚	黑褐粗老
黑砖茶	长方块	35 cm × 18.5 cm × 5 cm	黑褐	黄暗	纯正	尚醇厚	暗褐
花砖茶	长方块	35 cm × 18.5 cm × 5 cm	暗褐	暗红	纯正	尚浓	暗褐

茯砖茶主产于湖南益阳，主销新疆、甘肃。特制茯砖茶的品质好于普通茯砖茶。整块茯砖茶为长方形，以三四级黑毛茶为原料。

茯砖茶发花普遍茂盛，特茯为褐黑色，普茯为黄褐色，砖内无黑霉、白霉、青霉、红霉等杂菌。审评茯砖茶的品质主要看砖心有否满布黄花，有者品质为上，少者为次，无者为劣，带黑霉的为不合格产品。

2. 湖北砖块形茶

（1）青砖茶。青砖茶由老青茶压制而成，产于湖北，砖面上有下凹的"川"字，因此也称"川字砖"。

老青茶的初制方法为：杀青后趁热进行揉捻，然后渥堆、晒干。渥堆时间较长，要使茶坯转为猪肝色，渥堆以青气基本消除为度。

青砖茶的感官品质为砖块平整，不起层落面，棱角分明，色泽青褐，汤色黄褐，香气纯正，不带粗老气，滋味醇和，叶底暗褐。

青砖茶的理化指标见表 2-4。

表 2-4　　青砖茶的理化指标

理化指标	参数
质量	2 kg
尺寸（长 × 宽 × 高）	340 mm × 170 mm × 40 mm
水分	≤ 12%
灰分	≤ 7.5%
茶梗	≤ 25%
非茶夹杂物	≤ 0.8%
卫生标准	与黑砖茶相同

（2）米砖茶。米砖茶又称红砖茶（见彩图6），是紧压茶的一种，以红茶片末和工夫茶的轧细碎茶经蒸压而成，主要由湖北赵李桥茶厂生产，销往新疆，出口俄罗斯。每块米砖茶重1.125 kg，其中含洒面茶和二面茶0.5 kg，里茶0.625 kg，尺寸为237 mm × 187 mm × 60 mm。

米砖茶的感观品质为砖面平整，色泽黑润，汤色红褐，香气平和，滋味醇和，叶底细碎、暗褐。

3. 四川康砖茶

四川康砖茶是紧压茶的一种，属四川南路边茶，主销西藏、青海、四川甘孜藏族自治州等地，以下档绿茶和青茶为原料。

四川康砖茶的感官品质为圆角长方形，形似枕头，表面平整、紧结，洒面色泽棕褐，汤色红褐，香气纯正，滋味醇和，叶底暗褐。

四川康砖茶的理化指标见表2-5。

表2-5　　　　　　　　　　四川康砖茶的理化指标

理化指标	参数
质量	0.5 kg
尺寸	160 mm × 90 mm × 60 mm
水分	≤ 16%
灰分	≤ 7.5%
茶梗	≤ 8%
非茶夹杂物	≤ 0.5%
卫生标准	与黑砖茶相同

4. 云南沱茶

云南沱茶是紧压茶的一种，主要产于云南。云南下关茶厂生产的下关沱茶以晒青毛茶为原料，普洱沱茶以普洱茶为原料。

云南沱茶不分级，其感官品质为碗臼形、紧结、光滑。以晒青毛茶、绿茶为原料的沱茶色泽墨绿，汤色黄深，香气纯正，滋味醇厚，叶底暗绿。普洱沱茶色泽暗褐，汤色深褐，有陈香，滋味浓厚，叶底黑褐。

云南沱茶的理化指标见表2-6。

表2-6　　　　　　　　云南沱茶的理化指标

理化指标	参数
质量	50 g、100 g、250 g
水分	≤ 9%
灰分	≤ 7.0%
茶梗	≤ 3%
非茶夹杂物	≤ 0.2%
卫生标准	与黑砖茶相同

5. 广西六堡茶

广西六堡茶中的紧压茶传统的为篓茶，现在也有六堡饼茶、六堡砖茶、六堡沱茶，主产于广西苍梧县六堡镇，横县、昭平、玉林等地也有生产，年产量超过1 000 t，有出口也有内销。

广西六堡茶的感观品质为外形粗松，色泽暗褐，汤色红暗，有陈香，滋味醇厚，叶底粗老、深褐。广西六堡茶的毛茶分1~6级，商业上对样评茶。

三、紧压茶审评

1. 紧压茶审评方法

紧压茶审评方法不一，有的是称取5 g茶叶在审评杯内冲泡8~10 min后审评，也有称取4 g茶叶在200 mL沸水中冲泡5 min后审评的。国家茶叶质量检验检测中心对紧压茶一律使用通用型感官审评方法，必须先将紧压茶的茶块捻开后再称样、开汤审评。

2. 紧压茶的评分

以茯砖茶为例，茯砖茶评分参考表见表2-7。

表 2-7　　　　　　　　　　　茯砖茶评分参考表

项目	级别	品质特征	给分	权数
外形	甲	砖面平整，棱角分明，黄花遍及且茂盛，色褐润，无黑、白霉	94±4	30%
外形	乙	砖面尚平整，色黄褐，砖心开花欠匀，有少量白霉	84±4	30%
外形	丙	砖形欠完整，色黄枯，黄花不盛，稍有黑霉	74±4	30%
汤色	甲	黄橙尚亮	94±4	10%
汤色	乙	浅黄	84±4	10%
汤色	丙	暗褐	74±4	10%
香气	甲	有桂圆香	94±4	20%
香气	乙	陈香	84±4	20%
香气	丙	粗老气	74±4	20%
滋味	甲	醇厚	94±4	25%
滋味	乙	醇和	84±4	25%
滋味	丙	粗薄	74±4	25%
叶底	甲	褐黑，尚匀	94±4	15%
叶底	乙	褐黑，粗老	84±4	15%
叶底	丙	暗黑，粗老多梗	74±4	15%

第 3 节　速溶茶

一、速溶茶加工

速溶茶又名可溶茶、结晶茶、茶精等，是由茶叶中的水溶性物质经浓缩、干燥制成的一种速溶型茶叶饮料。

早在 20 世纪 40 年代中期，英国首先试制了速溶茶，经历了几十年的试制、开发与生产，速溶茶已成为市场上重要的再加工茶品类之一。美国是世界上速溶茶生产量和销售量最大的国家，印度、斯里兰卡、肯尼亚等主要产茶国也生产速溶茶。

我国速溶茶研制工作起步于20世纪60年代，20世纪70年代在上海、湖南进行了批量生产，部分产品打入了国际茶市场。

二、速溶茶的审评顺序

速溶茶审评前必须将审评用具洗净、烘干。速溶茶的审评项目包括外形和内质两大项。审评顺序是：取样→审评外形→称样→冲泡→审评速溶性→审评汤色→审评香气→审评滋味。

1. 取样

取具代表性的速溶茶 10 g 左右，放置在烘干的培养皿和表面皿内（小包装取一袋即可）。

2. 审评外形

外形包括形状、容重、色泽和干度四个方面。

（1）形状。速溶茶的形状因干燥方法而异。喷雾干燥产品大多呈粉末状；冷冻干燥产品多呈不规则疏松的晶片状，或经机械轧制成较规则的海绵体呈空心颗粒状。粒径在 150 μm 左右，粒面光泽度强的多为冷溶型速溶茶。粒径在 50 μm 左右，无光泽的多为热溶型速溶茶。热溶型速溶茶的速溶性差，冲泡时常有漂浮物和沉淀物出现。审评时，先观其颗粒大小是否均匀以及光泽度，再用手捻，若一捻即碎，多为空心颗粒，否则为实心颗粒或粉末。

（2）容重。速溶茶的容重是评定外形形状和速溶性的重要指标。容重小，说明速溶茶颗粒间隙大，疏松，速溶性好；容重大，说明速溶茶为实心颗粒或呈粉末状，速溶性差。一般容重以每 100 mL 重 20 g 左右为佳。

容重测定方法是：将速溶茶装入 100 mL 的量筒内，装至 100 mL 刻度，将速溶茶倒入感量为 0.1 g 的天平托盘内称质量。

（3）色泽。速溶茶以具有光泽的为佳。调味速溶茶应具有同茶叶相协调的色泽，如速溶红茶以有光泽、呈黄红或棕红的为佳，酱色发暗的为差；速溶绿茶以呈黄绿色的为佳，色泽暗黄或灰绿的为差；牛奶红茶以呈咖啡色或棕红色的为佳；柠檬绿茶以呈金黄色或黄绿色的为上品。

（4）干度。干度即含水量，是评定速溶性的重要指标之一，也是防止速溶茶陈化结块的重要条件。审评方法是用手捻茶，若一捻即碎为干度好。另外，也可用烘干法测定含水量。

3. 称样

用感量为 0.1 g 的天平称取有代表性的速溶茶一式两份，分别倒入 250 mL 或 300 mL 的透明玻璃杯内，观察其可溶性。

称样质量按评茶标准推算，3 g 茶叶沸水冲泡后，水溶物以 25% 计算，在 150 mL 沸水中溶解物为 0.75 g，因此审评速溶茶应称取 0.75 g。

4. 冲泡

将 150 mL 冷开水（10 ℃ 左右）和沸水分别加入预先盛速溶茶的两个玻璃杯内，冲泡 3 min 后即可进行相关指标的审评。

5. 审评速溶性

冲泡 3 min 后能在冷水中完全溶解或在冷水、沸水中均能完全溶解的速溶茶，属冷溶型速溶茶。3 min 以内在冷水中溶解不完全但在沸水中溶解完全的为热溶型速溶茶。这两类产品速溶性都很好。冲泡 3 min 后未完全溶解但经汤匙搅拌后能完全溶解的速溶茶，其速溶性尚可。冲泡 3 min 后水面上有大量漂浮物，且杯底沉淀有块状速溶茶的速溶性差。

6. 审评汤色

汤色清澈明亮，杯底无沉淀物的为佳。汤色深暗、灰淡、混浊，杯底有沉淀物则为下级品。

7. 审评香气

香气鲜爽且接近原茶应有香气的为上品，纯正无异味的尚可，有严重熟闷气且气味欠纯的则质量欠佳。调味速溶茶品类较多，如以果味或以中草药相调配的，则以有鲜爽的果香味和舒服的中草药味的为佳，有过浓香精气和药气的为差。

8. 审评滋味

以具有原茶应有的风味，且无熟汤味、无异味的为佳。例如，速溶红茶以浓醇、醇和为佳，平和为次，欠醇、熟汤味重为差。速溶绿茶以浓爽、醇和为佳，平淡、熟汤味重为差。

三、速溶茶感官审评评分方法及各品质因子权数

评分是用数字反映速溶茶品质的方法，使感官审评结果数字化，能更正确地反映审评对象的品质水平。评分的正确性取决于品质因子权数，而权数是定量反应速溶茶各品质因子重要性的尺度。目前，速溶茶及其系列产品常用的评分方法和各品质因子权数见表2-8。

表2-8　速溶茶及其系列产品常用的评分方法和各品质因子权数

项目	纯速溶茶	调味速溶茶	给分	权数
外形	空心颗粒，晶片状，容重小，有光泽，干度好		94±4	15%
	实心颗粒，容重大，有光泽，干度好		84±4	
	粉末状，容重大，无光泽，分散性差		74±4	
汤色	具有原茶应有的汤色，清澈明亮，无沉淀物	色泽协调柔和不分层，无沉淀物	94±4	15%
	具有原茶应有的汤色，尚亮，无沉淀物	色泽协调，不分层，稍有沉淀物	84±4	
	深暗混浊，有沉淀物或漂浮物	色泽不协调，分层，有沉淀物	74±4	
香气	接近原茶香气	鲜爽，有果香或中草药香	94±4	20%
	纯正	纯正	84±4	
	熟闷气重，欠纯	香精气、药气过重	74±4	
滋味	浓醇尚爽	鲜爽可口	94±4	30%
	醇和	尚可口	84±4	
	欠醇，熟汤味重	欠醇，异味重	74±4	
溶解情况	在冷水、热水中能快速溶解		94±4	20%
	经搅拌后能在热水中完全溶解		84±4	
	速溶性差，水面有漂浮物，杯底有沉淀物		74±4	

注：带有机溶剂气味的速溶茶为残次品。

第4节 液体茶

一、液体茶包装种类

目前上市的商品液体茶,主要有5种包装种类。

1. 二片罐

二片罐即易拉罐,为铝质罐,包装美观,罐内充氮气,茶汁防腐保质期较长,是目前液体茶包装中最好的一种,但包装成本较高。

2. 三片罐

三片罐由内壁涂塑的两片铁片和一片铝片制成。这种罐在制罐过程中接口处易受机械损伤,使涂塑层被损坏,这样铁片裸露部位与茶汁接触发生化学作用会产生黑褐色的多酚铁盐,使茶汤变黑,成为"黑汤"。如内壁涂塑层完好无损,其保质性能与二片罐相同。

3. 纸盒包装

纸盒包装由喷塑纸板、铝箔层、聚乙烯膜叠层复合而成,优点是不含铁离子,与茶汁不会起化学作用,但不能充氮气,保质期比二片罐短。纸盒包装可用于甜味茶包装,如用于纯液体茶包装,因聚乙烯膜有蜡烛油的气味,易污染茶汤。纸盒包装的设备投资大,但包装材料成本比金属罐低。

4. 强化聚乙烯罐

制罐时在聚乙烯中加入钛白粉,使罐壁不透明且有一定强度。制这种罐的设备投资小,易普及,但茶汤保质期短,又易沾上异味,因此装纯液体茶效果较差,装甜味茶尚可。

5. 透明聚丙烯瓶和耐高温 PET（聚对苯二甲酸乙二酯）

该种包装常用于装矿泉水，也可用于装液体茶。由于其是透明的，茶汤受光线影响容易变味，同时瓶口不易密封，易受杂菌感染，产生絮状沉淀物。为了提高这种包装的保质期，常在茶汤中加入山梨酸钾或苯甲酸钠作为防腐剂。

以上 5 种液体茶的包装产品，在其包装上的显眼部位都必须标明茶叶名称、配料、企业标准代号、容量、生产日期、保质期、生产厂家及厂址，缺其中任何一项，都应评定为不合格产品。

二、液体茶审评

为了正确评定液体茶的品质，审评项目分为包装、汤色、香气和滋味 4 项，删去了常规茶叶审评中外形、叶底两项，增添了包装项目（包括包装方式、用材、图案设计、防腐性能等内容），茶汤出现的沉淀、变色、变质等质量问题则归入汤色项目。以下重点介绍汤色、香气和滋味 3 项。

1. 汤色

审评液体茶时，如气温低于 16 ℃，便会出现"冷后浑"的现象。因此，在低温时应先将茶罐置于热水中加温，使茶汤升温至 25～30 ℃，然后审评，这样较有利于正确观察汤色与品评滋味。

液体茶出厂到消费者手中，其间的货架期有两三个月甚至半年，如果质量不过关，在存放过程中就会变质。因此，对液体茶的审评必须强调的一点是产品自生产日期至审评日期的间隔时间一般不得少于 30 天，不可"现装现评"，否则反映不出货架期的真实质量情况，易得出错误结论。

正常液体茶的汤色：红茶尚红亮，乌龙茶尚橙黄，绿茶尚黄亮，且都不应有沉淀物。甜味茶应具有汤质均匀，不结块，不分层，无铁质发黑的异常现象。

2. 香气

液体茶在加工过程中，尤其通过浸提、灭菌等工序，其茶香大多已挥发，香气远逊于杯泡的原茶。茶汤在 25～30 ℃条件下，审评液体乌龙茶带有足火香，红茶透甜香，绿茶呈火功香，甜味茶带糖香或花果香，都属于正常产品。但所有液体茶若带有严重的钝熟气或令人不愉快的不良气味，均属于低次产品。

3. 滋味

总的来说，目前上市的液体茶，其滋味都比杯泡的原茶差，主要是鲜爽度不足，审评中具有明显原茶（如乌龙茶、红茶、绿茶、花茶等）滋味的，属于品质正常或评为甲级的产品。制作技术质量差的液体茶，除了呈明显的熟汤味外，其原茶的滋味风格几乎丧失殆尽，判断不出其是用什么茶类加工的。

所谓"熟汤味"，是指有类似蒸过馒头的水冲泡出的茶味。对液体茶来说，要克服这种不良的气味，较为有效的方法有两种：一是选用的茶叶原料不可过嫩；二是将原料茶在浸提之前进行适当烘炒，使其产生足火味。

现有的甜味液体茶中，很少有茶味和甜味都很协调的产品，因此在审评中不一定强调此茶必须突出茶味，只要甜酸适度、口感良好、滋味鲜醇即可。

三、液体茶评分方法与各品质因子权数

对液体茶的审评，评分与评语应当同时使用，特别是在评比时更应如此。表 2-9 列出了具体的液体茶品质评分方法及各品质因子权数。

表 2-9　　　　液体茶品质评分方法及各品质因子权数

项目	级别	纯液体茶	甜味液体茶	评分	权数
包装	甲	铝质易拉罐，涂塑完整的铁质易拉罐		94 ± 4	20%
	乙	耐高温 PET	纸盒包装	84 ± 4	
	丙	强化聚乙烯罐		74 ± 4	
	丁	涂层不完整的铁质易拉罐，透明聚丙烯瓶		60 ± 4	
汤色	甲	明亮	色润，无沉淀物	94 ± 4	20%
	乙	尚明亮	不分层	84 ± 4	
	丙	欠明亮	静止分层	74 ± 4	
	丁	暗褐，有沉淀物	异常，有沉淀物	60 ± 4	
香气	甲	纯正	纯正，协调	94 ± 4	25%
	乙	尚纯正	纯正尚协调	84 ± 4	
	丙	熟闷味	欠纯正	74 ± 4	
	丁	异味	不良异味	60 ± 4	

续表

项目	级别	纯液体茶	甜味液体茶	评分	权数
滋味	甲	醇正	甜酸适度，口感好	94±4	35%
	乙	尚醇正	尚可口	84±4	
	丙	熟闷味	过甜（淡）、过酸	74±4	
	丁	异味	异味	60±4	

第5节 工艺茶

一、工艺茶概况

以精选的高级茶叶芽叶为原料，进行工艺性加工制成的茶叶为工艺茶。工艺茶又分为工艺绿茶和工艺花茶。

黄山绿牡丹是我国最早的工艺绿茶品种，也是最早的工艺茶品种，它是用安徽产的绿茶黄山毛峰中开叶较大的叶片做成的，这些叶片由丝线捆在一起做成扁平的花朵形状，加入热水后，茶叶在水中舒展开来，就像牡丹花的样子。

工艺花茶的茶中有花，花、茶相映，既能品尝，又能观赏。芙蓉仙桃是我国最早的工艺花茶。

安徽省的康艺名茶又名工艺茶、细工茶、手工茶、花型茶、奇特茶、观赏茶等，其中的芳生绿牡丹（见彩图7）等多种创新工艺茶已畅销国内外。

二、工艺茶的制作工艺

下面以康艺名茶中的锦上添花（见彩图8）为例介绍工艺茶的制作工艺。工艺流程为：采制→摊青→杀青→扳叶→揉捻→头烘→理条→设计→造型美化→定型烘焙→摊凉→足干储藏。

1. 采制

采制是指选采茶芽和花、果、中药原料。制作康艺名茶要求高，以高山生态有机茶园的深绿大叶良种茶和优质中药材为原料，专选无病虫害且壮实的花、果、中药，以及连嫩梗全长 3.5~4.5 cm 的一芽一叶、一芽二叶茶叶鲜叶。

2. 摊青

采回的芽叶需及时薄摊在洁净的竹帘上，并放在阴凉通风处，以挥发部分水分，促进芽叶内含物的转优，散发青气，并增加香气。鲜叶减重 20% 左右即可停止摊青。对采回的茶叶进行摊青，不仅有利于杀青工艺的进行，同时避免了红梗、红蒂、红芽现象的发生。摊青时间根据鲜叶的含水量，以及不同的气候与通风程度灵活掌握。鲜叶若在晴天下午采制一般可不摊青。

3. 杀青

杀青锅温要求为 150~180 ℃，用磨光洗净的锅进行炒制，投叶量为 250 g。在炒的手势上要根据操作者的技术熟练程度灵活掌握，一般要求做到 5 句话、25 个字：一要炒得勤，二要捞得净，三要带得轻，四要扬得高，五要抖得开。当叶色转暗绿、叶质柔软、嫩茎折不断并有茶香逸出时，即可停止杀青，要求杀青后的茶叶无红梗、红蒂、红心，无焦边、焦点。

4. 扳叶

扳叶是指将杀青的叶片扳至一芽带一嫩片的状态并摘除"马蹄"（茶蒂）。

5. 揉捻

将扳过的芽叶用手轻揉，揉至有茶汁溢出即可。

6. 头烘

烘茶的烘笼一般以竹丝制成的为佳，铁、铝制成的为次，以木炭或电烘，温度在 100 ℃ 左右，要求勤、轻、快、净、匀，烘至全部芽叶均受热即可下烘。

7. 理条

理条要趁热理，手势要轻，双手十指密切合作，将每个芽叶理直，然后捻搓成条。

8. 设计

将茶叶成品设计成人们喜爱的各种吉祥物,如珍稀动植物或珍宝等形状,并画出图案,以方便对照造型。

9. 造型美化

(1)准备无毒线、剪刀、造型筒、扳芽板、压茶板等工具。

(2)先将经过理条的大小、长短匀齐的茶芽100根左右(视不同品种决定芽条数量)理顺放齐在造型筒上,用无毒线在离茶蒂1 cm左右处将茶芽捆在一起,再用扳芽板扳开茶芽,加工成扁平圆形的芽叶花瓣和茶蒂花托,然后用压茶板轻压,直到整理成干扁的花朵形状为止。

(3)制作锦上添花。在制成的扁圆形"花朵"上再加三朵药用价值高、造型美观的贡菊花,按每1.5 cm一朵的距离用无毒线固定缝在茶芽花瓣的正中。

10. 定型烘焙

先将造型美化后的"锦上添花"轻移到特制的直径7 cm的圆圈内,然后加上烘盖扣紧,将"锦上添花"紧夹在专用烘具中烘焙(一直烘至足干,中途不需要收茶)。温度控制在90～110 ℃,先烘茶蒂,再烘芽叶面,每次连烘具带茶一起翻,烘至八成干。

11. 摊凉

定型烘焙的茶不需另外下烘,可连茶带烘具一起拿到阴凉通风处摊凉3～5 h。摊凉的目的是让集中在梗结处的水分充分吸到叶芽中,以使成品水分均匀,这样再复烘容易足干。

12. 足干储藏

经过摊凉后,连烘具带茶上烘,先烘茶蒂部,火温要先高后低,可逐步降到80 ℃、70 ℃、60 ℃、50 ℃,要耐心地翻烘,待烘至茶蒂内部有一定的硬度、一折即断,芽叶一捻即成粉末时即可。

茶烘足干后要趁热装进专用箱,箱盖可待茶全部散热后再盖,要求密封储藏。

三、工艺茶的质量要求

下面以康艺名茶中的锦上添花和海贝吐珠（见彩图 9）为例介绍工艺茶的质量要求。

工艺茶从茶芽采摘到制作，再到验收、保管、包装、运输的各个环节都要严把质量关。工艺茶经检验无农药残留，符合国家规定的卫生标准，才可上市。具体质量要求是色墨绿、毫显、香高、汤清、味甜、形美、无红梗红蒂、无焦边焦点，除茶芽叶、贡菊、绿梅花味外，无其他异味、异物、黏合剂、沉淀物，花蒂花瓣排列匀齐。锦上添花的外形要求如绿色小草帽，花朵直径在 5.5 cm 左右；海贝吐珠的外形要求如绿海贝，长 5 cm、高 3 cm（从茶芽的锋苗算起）。两种工艺茶均要求每朵 5 g，内外足干。锦上添花冲泡后，要求从花正中分 3 层跳出 3 朵贡菊悬立杯中，悬立时间不少于 20 min，每两朵贡菊相距 1.5 cm 左右，从茶蒂至上顶第一朵花距离 8 cm。海贝吐珠冲泡后，要求从"海贝"中出现 10 朵梅花围着 1 朵贡菊呈半圆形悬在杯中央，贡菊、梅花均要求按配方标准选用。

有红梗红蒂、焦边焦点，花瓣、花蒂排列不匀不圆，蒂过长或过短，芽叶、锋苗断碎、松散，有黏合剂，以及茶内含有碎茶片、茶梗、茶蒂、茶末、单芽、单叶、一梗一叶无芽头的均属次品。香气不足，有异味，味淡不浓，汤色暗而不清澈的也属次品。

测试题

一、判断题（下列判断正确的请打"√"，错误的打"×"）

  1. 审评茉莉花茶时，需要剔除残留在茶叶中的花渣。（　　）
  2. 珠兰花茶是以绿茶茶坯为原料，混入珠兰花窨制而成的再加工茶。（　　）
  3. 茉莉花茶是用已经加工干燥的茶坯为原料，与含苞待放的茉莉鲜花混合窨制而成的绿茶。（　　）
  4. 双杯一次冲泡法即同一茶样称取两份，一份 3 g，一份 5 g，两杯同时冲泡，冲

泡时间 5 min，先看茶汤的色泽，再趁热嗅香气的鲜灵度和纯度，然后评滋味，最后冷嗅香气的持久性。（　　）

5. 速溶茶审评前必须将审评用具洗净，倒出用具里的水滴后即可进行审评。（　　）

6. 紧压茶压制前先将原茶蒸热，使原茶吸收水分而软化，再装入模框内压制定型，随后脱去模框烘干。（　　）

7. 工艺茶从茶芽采摘到制作，再到验收、保管、包装、运输的各个环节都要严把质量关。（　　）

二、单项选择题（下列每题的选项中，只有 1 个是正确的，请将其代号填在横线空白处）

1. 窨制珠兰花茶要求＿＿＿＿复火。
A. 去花干　　　　B. 带花干　　　　C. 去鲜花

2. 若玫瑰花茶汤色红明、甜香浓郁、香气芬芳，则是玫瑰花茶中的＿＿＿＿。
A. 佳品　　　　B. 中档品　　　　C. 次上品

3. 青砖茶的感官品质为砖块平整，不起层落面，棱角分明，色泽青褐，汤色黄褐，香气＿＿＿＿，不带粗老气，滋味醇和，叶底暗褐。
A. 稍带嫩香　　　　B. 略显青气　　　　C. 纯正

4. 工艺茶香气＿＿＿＿，味淡不浓，汤色暗而不清澈的属次品。
A. 略带清香　　　　B. 不足　　　　C. 欠持久

三、多项选择题（下列每题的选项中，至少有 2 个是正确的，请将其代号填在横线空白处）

1. 紧压茶中湖南砖块形茶有＿＿＿＿。
A. 黑砖茶　　　　B. 花砖茶　　　　C. 特制茯砖茶　　　　D. 普通茯砖茶

2. 花茶内质审评方法包括＿＿＿＿。
A. 单杯审评法　　　　B. 柱形杯审评法　　　　C. 盖碗审评法　　　　D. 双杯审评法

3. 六堡茶是黑茶中的一种，主产于广西苍梧县六堡镇，＿＿＿＿等地也有生产，年产量超过 1 000 t，有出口也有内销。
A. 玉林　　　　B. 横县　　　　C. 南宁　　　　D. 昭平

4. 康砖茶是紧压茶的一种，属四川南路边茶，主销＿＿＿＿及四川甘孜藏族自治州等地。
A. 茂县　　　　B. 西藏　　　　C. 青海　　　　D. 松潘

5. 紧压茶主产于湖南、湖北、四川三省，＿＿＿＿有少量生产。

A. 广西　　　　　B. 西藏　　　　　C. 云南　　　　　D. 贵州

6. 速溶茶又名_____等，是由茶叶中的水溶性物质经浓缩、干燥制成的一种速溶型茶叶饮料。

A. 可溶茶　　　　B. 茶精　　　　　C. 结晶茶　　　　D. 提取物

测试题参考答案

一、判断题

1. √　2. √　3. ×　4. ×　5. ×　6. √　7. √

二、单项选择题

1. B　2. A　3. C　4. B

三、多项选择题

1. ABCD　2. AD　3. ABD　4. BC　5. ACD　6. ABC

第 3 章　名优茶品鉴

- 第 1 节　西湖龙井
- 第 2 节　洞庭碧螺春
- 第 3 节　黄山毛峰
- 第 4 节　六安瓜片
- 第 5 节　白牡丹
- 第 6 节　君山银针
- 第 7 节　铁观音
- 第 8 节　冻顶乌龙
- 第 9 节　凤凰单丛
- 第 10 节　武夷岩茶
- 第 11 节　正山小种
- 第 12 节　祁门红茶
- 第 13 节　普洱茶
- 第 14 节　六堡茶

评茶员（高级）
PING CHA YUAN

引导语

中国茶叶历史悠久、品种丰富，各种名优茶更是琳琅满目。《中国名茶志》给出了6条选列名优茶的标准：①传统名茶，有悠久的产销历史，其品质曾获古今知茶者的高度评价，盛名、优质久已传闻于世，并见于记载；②在同类茶中，色、香、味、形突出，群茶评比中特征、特性优异，早为知茶者和消费者所公认，并见于记载；③已经在出口或内销商品茶中列为名牌产品，具有较高的经济价值；④产区自然条件和茶树品种优越，具有独特的品质风格，并传闻于世；⑤有特殊的香味，受部分消费者偏爱，且为其他茶叶所不能代替；⑥有独特的外观造型，可视作艺术品，虽香味并不突出但以形美取胜。一般来说，名优茶的茶树都生长在独特的生态环境之下，茶树品种优良。名优茶一般经过精湛的采制加工技术制成，具有一定的市场美誉度。本章选择了14种市场上较受消费者青睐的名优茶作为重点品鉴内容，可以让学员对14种名优茶的产地特征、茶树品种、采制技术、品质特征、品鉴要点有较全面的了解，从而能够独立地进行品质审评和鉴定。

学习目标

- 熟悉14种名优茶的产地特征、茶树品种、采制技术。
- 掌握14种名优茶的加工工艺与其品质特征的关系。
- 熟练掌握14种名优茶的品质特征及品鉴要点。

第1节 西湖龙井

一、西湖龙井的产地特征

西湖龙井为历史名茶，始创于明代以前，产于杭州市西湖区，有一级产区（西湖景区）和二级产区（西湖区）之分。

1. 地理位置

西湖龙井茶区地处浙西丘陵山区杭嘉湖平原沉降的过渡地带，东濒西湖，南临钱塘江。

2. 气候特征

西湖龙井茶区受西湖和钱塘江的水气调节及东南季风的影响，气候温暖、湿润、多雾，属北亚热带南缘季风型气候，朝暮云雾缭绕，非常利于茶树的生长。

3. 土壤特征

产区茶园的土壤主要有黄泥土、白砂土、黄筋泥土与油红泥土4种。其中黄泥土产区面积约占60%，遍布低山丘陵，它由粉砂岩、粉砂质泥岩、千里岗砂岩等多种岩石风化而成，土壤通透性良好。白砂土产区面积约占20%，分布于山地上部及陡坡面上，优质的龙井茶大多产于此。据研究，狮峰山的成土母岩主要在泥盆系地层上部，属"西湖石英岩"的残积物、坡积物，质地为沙壤土，土壤通气透水性好，有机质、磷、硼、锰等含量适宜，特别是岩石、土壤和茶树均具有高钾（或适量钾）与低钙的特征，这与狮峰龙井的优良品质有密切的关系。另外，茶区的土壤还有黄筋泥土和油红泥土两种，均属红壤亚类。黄筋泥土是红壤经风化作用后形成的土壤，土层较厚，质地多为重壤至轻黏。油红泥土发育于石灰岩、泥质灰岩、钙质泥岩等，土层厚薄不一，呈零星分布状态。

二、西湖龙井的茶树品种

西湖龙井的茶树品种主要有传统的龙井群体种，以及1949年以后新选育推广的龙井43等。

1. 龙井群体种

龙井群体种为有性繁殖系品种，植株矮小，属灌木型、中小叶类，具有分枝密、育芽强、节间短、芽叶小、萌芽轮次多、耐采、长势旺、产量较高、品质较好等特点，但群体种比较混杂，有长叶种、荷叶种、瓜子种等，其中瓜子种属低劣品种，已被淘汰。

2. 龙井 43

龙井 43 为典型的灌木型、中叶类、早芽品种，育芽能力极强，发芽早而整齐，开采期比龙井群体种早 7~10 天，产量高，特别适于采制高档龙井茶。龙井 43 每公顷可采制高档龙井茶 300~375 kg，颇受当地茶农的欢迎。

三、西湖龙井的采制技术

1. 采摘

（1）采摘时间。春茶一般在 3 月下旬开采，至立夏前结束；夏茶一般自立夏开始采摘，至 6 月中旬结束；秋茶一般从 6 月下旬开采，至 10 月上旬结束。全年采摘期为 190~200 天。由于茶树生长具有顶端优势和早采早发的特点，西湖龙井茶区推行分批多次早采、嫩采技术，春茶一般采 14~16 批次，全年采 40~50 批次。

（2）采摘标准。春茶一般按一芽一叶的标准采摘。特级茶为一芽一叶或一芽二叶初展，且芽长于叶，芽叶间夹角小，长度为 2~2.8 cm。1~2 级茶为一芽二叶或一芽三叶（初展叶），芽叶长度基本相等，长度为 2.5~3.5 cm。3~4 级茶为一芽二叶或一芽三叶（初展叶），叶长于芽，长度为 3~3.9 cm。5~6 级茶为一芽二三叶（有部分嫩的对夹叶），长度为 3.9~5 cm。

（3）采摘方式。西湖龙井茶区推行提手采茶，即手心向下用大拇指和食指夹住鱼叶（又称"胎叶"，指茶籽萌发或新梢每次生长抽出的第一片或头几片叶）上的嫩茎，轻轻向上一提。采茶的顺序是从下采到上、从内采到外，不漏采。

2. 加工工艺

（1）全程手工加工工艺

1）摊青。场地要求阴凉、洁净、通风。鲜叶要求薄摊，厚度为 3 cm 左右，中、下级茶可稍厚。摊青时间视天气和原料而定，一般为 6~12 h。晴天、干燥天气时间可短些，阴雨天应相对长些。高档叶摊青时间长，低档叶摊青时间短，遵循"嫩叶长摊，中档叶短摊，低档叶少摊"的原则。摊放至叶面开始萎缩，叶质由硬变软，叶色由鲜绿转暗绿，青气消失，散发清香，叶子以减重 15%~20%、含水量为 70% 左右为宜。摊青的目的是散发青气，增进茶香，减少苦涩味，增加氨基酸的含量，提高鲜爽度。同时，摊青还可以使炒制的龙井茶外形光洁，色泽翠绿，不结团块，从而提高茶叶的品质。

2）青锅。青锅是杀青和初步造型的过程。锅温升到 110~120 ℃，涂抹专用油在锅面上，投入 100 g 左右的鲜叶，开始以抓、抖方式为主，散发一定的水分后改用搭、压、抖、甩等手法进行初步造型，压力由轻而重，使茶叶理直成条，压扁成形，炒至六七成干时即可起锅，历时 12~15 min。青锅时，用力过早会挤出茶汁使茶色变暗或显黑，用力过迟则易产生茶末或形成"空壳燥"。

3）摊凉回潮。青锅叶起锅后应及时进行薄摊回潮，尽快降温和散发水汽。必要时要覆盖清洁棉布，使芽、茎、叶各部位的水分重新分布均匀回软。摊凉回潮时间为 40~60 min。

4）青锅叶筛分。根据需要用不同孔径的茶筛将回潮后的青锅叶分成 2~3 档，簸去片末，筛分出筛面叶、中筛叶、筛底叶以供分别辉锅。

5）辉锅。辉锅的目的是进一步整形和炒干。通常是三四锅青锅叶并一锅进行辉锅，投叶量约 150 g。锅温控制在 60~80 ℃，主要采用抓、扣、磨、压、推的手法，要领是手不离茶、茶不离锅。炒至茸毛脱落，叶面扁平光滑，茶香透出，折之即断，含水量为 5%~6% 时即可起锅，摊凉后簸去黄片、筛去茶末即可。

（2）机械与手工组合加工工艺。机械与手工组合加工工艺是用机械代替手工进行龙井茶的青锅工序，其他工序保持不变。该工艺加工的产品，相比全程手工工艺加工的产品，外形更加扁平、挺直、匀整，色泽更加绿润鲜活，香味接近全程手工工艺加工的产品。该工艺减轻了劳动强度，生产效率高，很受产区茶农的欢迎。

机械青锅采用浙江嵊州、新昌等地生产的 6CCB-7801 型、6CCB-HF900 型等各类扁形茶炒制机。开启机器，将炒板转至上方后加温，当实际锅温升至设定温度时（一般特级、一级、二级掌握在 220~240 ℃，三级、四级掌握在 240~260 ℃），加入少量炒茶油，待油烟散去后，均匀投入茶叶（一般特级每锅 100~150 g、一级、二级每锅 150~200 g、三级、四级每锅 250~300 g），炒制中每锅投叶量应稳定一致。鲜叶投入锅中有"噼啪"爆声时开机翻炒。当叶子开始萎软、梗变软、色泽变暗时，可开始逐步加压。根据茶叶干燥程度，一般每隔半分钟压力增加一次，加压程度主要看炒板，以能带起茶叶又不使茶叶结块为宜，不得一次性加压过大。锅温应先高后低并视茶叶干度及时调整，温度一般分三个阶段：第一阶段锅温从青叶入锅到茶叶萎软，一般为 1~1.5 min；第二阶段是茶叶初步成形阶段，时间一般为 1.5~2 min，至茶叶基本成条，相互不粘为止；第三阶段是做扁成形的重要时段，一般采用恒温炒。为了提高茶叶的扁平度，第三阶段可以增加磨的动作，待茶叶炒至扁平成形，芽叶挺直、软润、色绿一致且达一定的干度时（含水量在 25%~30%），推开前面出料门自动出锅。青锅总历时 4~6 min，茶叶炒制结束后，要切断机器电源。

四、西湖龙井的品质特征

西湖龙井形似碗钉，扁平光滑，尖削挺秀，大小匀齐，芽毫隐藏，色泽翠绿或带糙米色，汤色碧绿明亮，香气鲜嫩高长，滋味甘鲜醇和，素以"色绿、香郁、味甘、形美"四绝而著称。其中，狮峰龙井香气高锐持久，滋味鲜醇，色泽略黄（俗称"糙米色"）。梅坞龙井外形挺秀，扁平光滑，色泽翠绿。

 **相关链接**

西湖龙井与其他龙井的区别

现在市面上有一种说法"扁平皆龙井"，指的是不分地域，凡是扁形茶，不论香气、滋味、汤色都称为龙井。西湖龙井的原产地域有严格的划分，其栽培技术和加工工艺也有严格的规范，感官品质更是有严格的要求。具体来说，西湖龙井与其他龙井可以从以下几方面加以区别。

（1）地域不同。西湖龙井产地在地域上有明显的界定，主要在西湖区东起虎跑、茅家埠，西至杨府庙、龙门坎、何家村，南起社井、浮山，北至老东岳、金鱼井，约 168 km² 范围内。西湖龙井产区属典型的亚热带季风气候，四季分明，气候温和，雨量充沛，空气湿润，其土壤、植被、热量、光照、水量等自然条件优越，是其他龙井产区所不能比拟的。

（2）形状不同。西湖龙井的形状独特，通过炒制手法造型而成，外形扁平光滑，挺直尖削，整齐和谐，以"形美"给人以赏心悦目的感觉。其他龙井的形状无论扁平光滑程度，还是匀齐程度都不及西湖龙井。有些龙井不具有嫩绿的色泽，有些还带有白毫，与西湖龙井的风格完全不一样。

（3）色泽不同。西湖龙井的色泽总体上嫩绿鲜润，但各区域的茶叶各具特征。狮峰龙井绿中透黄，呈"糙米色"，为西湖龙井中的极品。梅坞龙井呈翠绿色。一般来说，西湖龙井的色泽构成成分中，除了有大宗茶都具有的叶绿素及类黄酮类天然色素外，还有不少加工过程中转化的色素物质，这些都与茶树的生长环境及加工工艺有密切的关系。

（4）香气、滋味不同。西湖龙井的香气清香鲜爽，幽而不俗，沁人心脾；滋味鲜醇甘爽，无苦涩感，饮后满口留韵。其他龙井口感没有甘甜鲜爽的滋味，较浓或涩，有的还有粗青味，香气也较平淡。

五、西湖龙井的品鉴要点

1. 外形品鉴

（1）形状。高档西湖龙井外形扁平光滑，挺秀尖削，无碎茶，长短大小整齐一致，毫芽显露，无黄片和梗。低档西湖龙井外形有褶皱，有黄片和梗，不平伏，碎茶较多，不整齐。

西湖龙井外形要求扁平光滑挺直，如加工工艺掌握不当，容易造成以下品质情况。

1）宽松。形状不紧，边缘不光滑。

2）直狭长。不扁平，条形过于细紧。

3）弯曲。不平滑挺直。

4）浑条。扁茶浑圆。

（2）色泽。高档西湖龙井色泽翠绿光润或带糙米色；低档西湖龙井色泽暗绿，无光泽。西湖龙井的干茶色泽因产地不同而异，如加工工艺掌握不当，容易造成以下品质缺陷。

1）墨绿或暗绿。不像梅坞龙井那样翠绿，缺乏光泽和鲜活感。

2）枯黄或死黄。不像狮峰龙井那样嫩绿且有糙米色，而是靠火功逼出来的枯黄色或死黄色。

2. 内质品鉴

西湖龙井的内质特点为香气清雅，滋味甘醇爽口。高档西湖龙井汤色清澈明亮，芽叶嫩匀成朵。低档西湖龙井冲泡后，茶汤较苦涩，汤色深黄，叶底多单张，叶色较暗。西湖龙井的内质品鉴特点见表3-1。

表3-1　　　　　　　　　　西湖龙井的内质品鉴特点

项目	内质特点	加工工艺不当形成的品质缺陷
香气	鲜嫩馥郁	低闷、高火香、烟焦味、青气
滋味	甘醇爽口	水闷味、苦涩味、欠鲜爽
汤色	碧绿清澈	色泽偏黄，混浊不清澈
叶底	嫩绿，嫩匀成朵	不成朵，叶底偏黄、欠明亮，有青张、红茎、红蒂

第 2 节 洞庭碧螺春

一、洞庭碧螺春的产地特征

1. 地理位置

洞庭碧螺春简称"碧螺春",产于江苏苏州吴中区太湖洞庭山。洞庭山包括洞庭东山(东山镇)和洞庭西山(金庭镇),东山约有大小山坞72个,西山更多,这些山坞都是洞庭碧螺春的主要产地。茶区茶树与果树间种,因此洞庭碧螺春具有独特的花果香味。

2. 气候特征

洞庭山位于北亚热带湿润季风气候区,加上太湖水体的调节,温暖、湿润、多雨,季风明显,四季分明,冬夏季长,春秋季短,无霜期年平均达 233 天,光照充足,降水充沛,有利于茶树生长。

3. 土壤特征

洞庭山的土壤是在生物、气候等成土条件的影响下,由山丘岩石风化残积物发育而成,为地带性的自然黄棕壤,土壤有机质及磷含量较丰富,呈微酸性或酸性,质地疏松,适宜茶树生长。

二、洞庭碧螺春的茶树品种

制作洞庭碧螺春最适宜的茶树品种为洞庭东、西山群体种,属灌木型小叶类,嫩梢较长,树姿半开展,分枝密度中等,新梢节间较短,嫩梢绿色或浅绿色,芽毫一般。其叶片着生角度水平,叶色绿,叶面稍隆起,叶缘平,叶肉稍厚,叶质硬脆度中等,叶形椭圆,叶尖渐尖,花冠大小中等。一芽三叶平均长 6.02 cm,平均重 0.33 g。洞庭碧螺春是以一芽二叶为主体的现采茶叶,平均百芽重为 11.8 g,一芽一叶开展期比福鼎大白茶要早半个月以上。春茶一芽二叶，其氨基酸含量为 3.03%，儿茶素含量为 15.87%，咖啡因含量为 3.49%，茶多酚含量为 40.43%。

三、洞庭碧螺春的采制技术

1. 采摘

洞庭碧螺春要求采得早、采得嫩、采得净。采摘时间一般从清明前开始至谷雨结束。采摘标准为一芽一叶初展到一芽二叶。其中，高档洞庭碧螺春以一芽一叶初展为主，要求芽长于叶，芽叶长 1.5~2 cm，百芽重 3.3~3.5 g，每 500 g 有 6 万多个芽头；中档洞庭碧螺春以一芽一叶为主，芽叶长 2~3 cm；低档洞庭碧螺春以一芽二叶为主，芽叶长 3 cm 左右。采摘要求分批勤采，关键在于抓好头批茶的采摘，只要有部分茶树的芽叶达到标准就可以开采，并且要采清、采净，这是提高洞庭碧螺春品质，多产高档洞庭碧螺春的关键。反对采单芽，因为采单芽不仅影响产量，而且制成的洞庭碧螺春形差、香低、味淡。

2. 加工工艺

（1）传统加工工艺

1）拣剔。采后的鲜叶放在室内洁净的竹匾或竹席上，置于阴凉处，边拣剔边摊放。拣剔标准为芽叶长短大小整齐，均匀一致，要剔除鱼叶、老叶和不标准的芽叶。摊放厚度一般为 3~5 cm，拣剔摊放在 8 h 内完成。拣剔的过程实际上就是一个轻萎凋的过程，有利于茶叶香气的形成。

2）杀青。杀青在平锅中进行。每锅投叶量为 500~600 g 鲜叶，锅温为 190~220 ℃，高档茶叶温度稍低，低档茶叶温度稍高。鲜叶下锅后，用双手或单手反复旋转抖炒，动作要轻快。先抛后闷，抛闷结合，多透少闷，杀透杀匀。青叶于锅心发白时投入，闷抛结合。先抛的目的是散发水分、挥发青气，使茶叶散发清香；后闷的目的是使杀青均匀。后期主要以闷为主，可以使茶叶清香持久、叶底柔匀、色泽嫩绿。杀青历时 3~4 min。当鲜叶略失光泽、手感柔软、稍有黏性、开始散发清香、失重 25% 左右时，即为杀青适度。

3）热揉成形。锅温降至 65~75 ℃时，用双手或单手按住杀青叶，沿锅壁顺一个方向盘旋，使叶片在手掌和锅壁间旋转运动，同时要边揉边从手掌边散落揉叶，避免揉叶成团，开始时旋三四转即抖散一次，以后逐渐增加旋转次数，减少抖散次数，基

本形成卷曲紧结的条索。操作要点：保持小火加温，边揉边抖。加温热揉是因为加温后叶质柔软，果胶质黏性较大，易揉紧成条，但缺点是容易闷黄，使揉叶产生闷热气。因此，需要边揉边解块，以散发叶内水分。先轻揉 4~5 min，由于若开始就用力过重，则容易使茶片粘在锅上形成锅巴，既妨碍操作，又易使芽尖断碎影响品质；之后要重揉 6~8 min，否则茶叶条索会不够紧，茸毛不显露。另外，在揉捻的时候会有茶汁流出，粘在锅壁上形成锅垢，因此在揉叶起锅后要洗掉锅垢，以免产生焦火气。热揉总历时 10~15 min，揉叶成条，揉至不黏手而叶质尚软、失重约五成半、含水量降至 45% 左右即为适度。

4）搓团显毫。搓团是洞庭碧螺春加工造型最关键的工序。锅温降至 55~60 ℃，一锅揉坯分成几团，即将茶置于两手掌中搓团，每团搓 4~5 转，搓好团后放在锅内定型，再搓第二团，第二团搓好后与第一团一起解块抖散。如此反复操作，边搓团，边解块，边干燥。搓团方向一致，切忌逆向，用力均匀，遵循"轻、重、轻"的原则。开始时水分尚多，用力过大易黏结成团块，故需轻搓。中期揉叶韧性大时需要用力搓，以达到毫毛显露的效果。后期随水分减少宜轻揉，如用力过大，易断碎脱毫。锅温依次为"低、高、低"。搓团初期火温要低，如温度过高则水分散发过多，干燥过快，条索易松。中期茸毛初显时要提高温度，促使茸毛充分显露。后期要降温，否则容易造成茸毛被烧、色泽泛黄。搓团显毫全过程为 12~15 min，待芽毫显露、条索卷曲、含水量降至 20%~25% 时，即可转入下一工序。

5）文火干燥。锅温控制在 50~55 ℃，将搓团后的茶叶在锅中用手微微翻动或轻团几次，感到刺手时将茶叶均匀摊于洁净的纸上，放到锅里再烘一下即可起锅。干燥历时 5~6 min，当含水量降为 6%~7% 时即可出锅。

（2）机械加工工艺

1）拣剔。与传统加工工艺一致。

2）杀青。可选用小型滚筒杀青机，杀青时使机器运转的同时加热，待筒壁温度升至 220~240 ℃、筒内温度为 140 ℃ 左右时开始投叶，投叶量以 30~40 kg/h 为宜（具体可根据筒体大小调整），开始投叶量稍多，以防少量青叶落锅后成焦叶，产生爆点，之后再均匀投叶。杀青以叶色转暗绿，手握柔软，青气消失，茶香散发，青叶含水量为 55% 左右，不产生红梗、红叶，无焦叶、无爆点产生为适度。

3）揉捻。杀青叶摊凉约 30 min 后即可进行揉捻。揉捻采用 6CR-35 型揉捻机，每机投叶 15 kg。揉捻时先空压揉 5 min，接着适当轻压揉 8 min，再空压揉 2 min，以叶子初步成条、有少量茶汁溢出、手捏略黏手为适度。

4）初烘。揉捻叶解块散热后即进行初烘。烘干采用 6CHW 系列微型烘干机或电热烘箱，热风温度 120 ℃ 左右（电热烘箱温度控制在 100 ℃ 左右）。薄摊快烘，烘时约 10 min。烘至手握成团，松后自然散开，烘叶含水量 40% 左右时，下机冷却，回潮 15~20 min。

5）做形。这是形成洞庭碧螺春外形特征的关键工序。采用 6CPD-80 型碧螺春成形机或 6CPD-40 型碧螺春成形机。当锅温达到 80 ℃ 左右时即可投叶，6CPD-80 型碧螺春成形机每锅投叶 10 kg 左右，炒制时间约 30 min；6CPD-40 型碧螺春成形机每锅投叶 2 kg 左右，炒制时间约 25 min。锅内设有吹风装置，边做形边烘炒时要注意透气，开启风机吹热风以保持茶叶色泽翠绿。此工序要严格控制操作时间。时间过长会导致茶叶色泽变黄、白毫脱落；时间不足则外形不够卷曲。做形总历时 25~30 min，至茶条卷曲、含水量 10% 左右时出机摊凉。

6）提毫。采用 6CLH-40 型六角提毫辉干机或 6CLH-40（D）型提毫辉干机，提毫温度控制在 50~60 ℃，使茶叶缓慢失水，保持柔软状态，有利于提毫。该工序历时 10~15 min，待白毫显露时下机摊凉。

7）足干。采用微型名优茶烘干机，温度宜控制在 60~70 ℃，文火慢烘，烘至茶叶含水量 5%~7% 时下机冷却，即可完成洞庭碧螺春的机械制作。

四、洞庭碧螺春的品质特征

条索纤细，茸毛披覆，卷曲呈螺，银绿隐翠，白毫显露，香气鲜雅带花果香，滋味鲜爽生津、回味绵长，茶汤嫩绿清澈，叶底柔嫩匀齐。

 相关链接

洞庭碧螺春与仿制碧螺春的区别

（1）采摘标准不同。洞庭碧螺春不采单芽，只采一芽一叶初展到一芽二叶。仿制碧螺春以单芽为主。

（2）加工工艺不同。洞庭碧螺春采用的是"手不离茶，茶不离锅，连续操作，起锅即成"的一锅到底加工工艺。而仿制碧螺春多采用小型名茶杀青机械杀青或锅炒杀青后起锅冷揉，基本上不采用一锅到底的加工工艺。由于加工工艺有所不同，造成洞庭碧螺春和仿制碧螺春在外形色泽、条索及茸毛上有所差别。

（3）产地生态环境不同。洞庭碧螺春的茶树间种在枇杷、杨梅、橘、板栗等果树下，由于果树遮阳，芽叶内氨基酸含量特别多，约 368 mg/kg，而采用龙井 43 仿制的碧螺春成品茶中氨基酸含量为 251 mg/kg，同时洞庭碧螺春受四季花果的熏陶，带一种甜美的花果香。

（4）感官品质不同。洞庭碧螺春与仿制碧螺春的感官品质区别见表 3-2。

表 3-2　　　　　　　　洞庭碧螺春与仿制碧螺春的感官品质区别

项目	洞庭碧螺春	仿制碧螺春
茸毛	蓬松，根根竖在芽叶上	黏附在芽叶上或脱离于芽叶
色泽	银绿隐翠，光彩夺目	黄绿色（四川、福建所产）或青绿色（湖南、贵州所产）
条索	卷曲呈螺，像蜜蜂腿那样弯曲	直条多或呈圆球形卷曲
汤色	较浅，呈碧玉色	较深，偏向于青绿色
香气	清幽持久	低或者浓，且带有浊气
滋味	鲜嫩	略苦
叶底	一芽一叶或一芽二叶，呈嫩黄绿色	多为单芽，显青绿色

五、洞庭碧螺春的品鉴要点

1. 外形品鉴

（1）形状特征。条索纤细，茸毛披露，卷曲呈螺，当地茶农形容其为"满身毛、铜丝条、蜜蜂腿"。

1）满身毛。洞庭碧螺春成品茶有白毫遮掩，审评上称为茸毛披覆或茸毛密布，茸毛紧贴茶叶，可按照遮掩程度即茸毛密布的程度区分洞庭碧螺春的优劣。

2）铜丝条。铜丝条是指洞庭碧螺春条索细紧重实，冲泡时迅速下沉，不浮在水面上，审评时称为纤细，是洞庭碧螺春芽叶细嫩、做工精细的标志之一，可以按照其细紧程度来区分洞庭碧螺春的老嫩和好坏。

3）蜜蜂腿。蜜蜂腿是指洞庭碧螺春的形态像蜜蜂的腿，审评时形容其条索卷曲呈螺。实际上洞庭碧螺春的形状是茶条经揉捻卷紧后，搓团时使条索略卷曲而形成的。洞庭碧螺春如蜜蜂腿般的形态特征，是区分真假洞庭碧螺春和加工技术好坏的重要特征之一。

（2）色泽。银绿隐翠、白毫显露是指在白茸毛的衬托下，洞庭碧螺春的绿叶给人以熠熠生辉的感觉。

2. 内质品鉴

优质洞庭碧螺春内质特征为"一嫩三鲜"。

（1）"一嫩"指芽叶特别细嫩，每500 g洞庭碧螺春含嫩芽5万～6万个，芽大叶小，芽叶尚未展开。

（2）"三鲜"指色鲜艳、香鲜浓、味鲜醇。

1）色鲜艳。洞庭碧螺春不但外形色泽银绿隐翠，而且茶汤碧玉清澈、鲜艳耀人，叶底嫩绿亮丽。

2）香鲜浓。洞庭碧螺春的香气在清茶香中透着浓郁的花香。

3）味鲜醇。在洞庭碧螺春的鲜爽茶味中，另有一种甜蜜的果味，使人百饮不厌，回味无穷。

第3节　黄山毛峰

一、黄山毛峰的产地特征

黄山毛峰起源于清光绪年间，其产地覆盖了整个黄山市。主产地位于黄山风景区和黄山区的汤口、谭家桥、焦村，徽州区的富溪、杨村、洽舍，歙县的大谷运、许村、黄村、璜蔚、璜田，休宁县的千金台等地。茶园多分布在高山区。

1. 气候特征

黄山毛峰主产区属亚热带季风气候区，因山高谷深，全年平均气温较低，仅有7.8 ℃，从山脚到山顶，气温呈垂直递减。由于北坡和南坡日照时差大，气温递减率南坡大于北坡。黄山冬季山谷常出现暂时性逆温现象，在一定高度的山坡地带气温反而高于谷底。黄山多阴雨和云雾天气，山上年平均日照时数为1 810.2 h，山下比山上多；年平均相对湿度为71%～78%，山下较高。

2. 土壤特征

黄山风景区为典型的花岗岩峰林地貌，并向周围扩展分布，多高山深谷陡坡地形，相对海拔高度为400～500 m。山地土壤一般是海拔650 m以下为黄红壤，海拔650～1 100 m为山地黄壤，海拔1 100～1 600 m为暗黄棕壤，海拔1 600 m以上为酸性棕壤。

二、黄山毛峰的茶树品种

黄山毛峰的茶树品种主要是黄山大叶种,为有性繁殖系品种,灌木型大叶类,中生种,树型大,树姿半开展,叶片着生水平。其叶色绿,有光泽,叶形椭圆,叶面微隆起,叶质厚软,芽头肥壮,多白毫,抗寒性强。该品种已通过审定,是全国重点推广的优良品种。黄山毛峰的茶树品种还有祁门槠叶种等群体种。

三、黄山毛峰的采制技术

1. 采摘

特级黄山毛峰一般于清明前后开采,1~3级黄山毛峰于谷雨前后采摘。特级黄山毛峰的采摘标准为一芽一叶初展;一级的采摘标准为一芽一叶或一芽二叶初展;二级的采摘标准为一芽一二叶;三级的采摘标准为一芽二叶或一芽三叶初展。鲜叶进厂后必须先进行拣剔,剔除冻伤叶和病虫害叶,拣出不符合标准要求的叶、梗和茶果,以保证芽叶质量匀净。不同嫩度的鲜叶要分开摊放,分开加工。为了保证茶叶品质,要求上午采摘的鲜叶下午加工,而下午采摘的则当晚加工。

2. 加工工艺

(1)传统加工工艺

1)摊青。将不同嫩度的鲜叶分开,摊放在室内通风、洁净的竹匾内,厚度5~10 cm,雨水叶或含水量高的鲜叶宜薄摊,晴天或中午、下午采的鲜叶宜厚摊,每隔1 h左右轻翻一次,室内温度在25 ℃以下为宜,防止阳光照射。摊放时间根据鲜叶级别控制在2~6 h,待青气散失,叶质变软,鲜叶失水率为10%左右即可付制。采下的鲜叶要在24 h内制作完成。

2)杀青。杀青用直径50 cm左右的桶锅,锅温要先高后低,开始约150 ℃,慢慢降至130 ℃左右,鲜叶下锅后,听到炒芝麻声即为温度适中。每锅投叶量特级为200~250 g,一级以下可增加到500~700 g。单手翻炒,手势要轻,翻炒要快,平均50~60次/min。扬得要高,叶子离开锅面20 cm左右;撒得要开,叶子落下犹如天女散花般平铺锅底,使叶子受热均匀;捞得要净,每次捞取叶片时不要在锅底落下叶片,以免落下的叶片受热过度,从而产生烟焦味。杀青程度要求适当偏老,杀青叶质地柔软、表面失去光泽、青气消失、茶香显露即为杀青适度。

3）揉捻。特级和一级原料在杀青适度时，需要继续在锅内抓炒几下，以起到轻揉和理条的作用。起锅时，借助竹质扫把将杀青叶扫入竹匾，先摊凉散热再进行揉捻。二三级原料杀青叶出锅后，应及时散失热气，轻揉1~2 min，叶子稍卷曲成条即可。揉捻速度宜慢，压力宜轻，要边揉边抖，以保持叶片完整，使白毫显露、色泽绿润。

4）烘焙。黄山毛峰的烘焙分初烘和足烘两道工序。

①初烘。每个杀青锅配4个烘笼，火温先高后低，第1个烘笼烧明炭火，烘笼温度要求90 ℃以上，后3个烘笼温度依次为80 ℃、70 ℃、60 ℃左右，边烘边翻，顺序移动烘笼，至含水量为15%即可。初烘过程中翻叶要勤，摊叶要匀，操作要轻，火温要稳，以达到快速挥发水分的目的，避免氧化变红。

②足烘。初烘叶需先摊凉30 min以上再进行足烘。足烘温度一般掌握在60 ℃左右，投叶量为8~10笼初烘叶，文火慢慢烘至足干，含水量为6%以下。足干后拣剔去杂再低温复火一次，以促进茶香的透发。

（2）机械加工工艺

1）摊青。摊放容器以竹匾为主，竹匾分层置于木架上，摊放厚度为2 cm左右。摊放间保持通风干燥、清洁卫生。现代的摊放间多为恒温恒湿间，一般要求相对湿度为70%~80%，温度为18~22 ℃。摊放时间控制在3~5 h，视茶青的具体状况而定。

2）杀青。采用30型、40型等小型滚筒杀青机，筒壁温度要求保持在130~150 ℃，连续匀速投叶。其中，30型滚筒杀青机投叶速度为25~30 kg/h，40型滚筒杀青机投叶速度为70~85 kg/h。鲜叶的杀青程度要求适当偏老，含水量在60%左右。杀青叶变软、表面失去光泽、边缘略有爆点、青气散失、茶叶香气显露即为适度。杀青是制好黄山毛峰的关键工序，要求控制好杀青温度和投叶速度，做到杀匀、杀透、不焦、不闷。

3）做形。特级黄山毛峰做形有专门的理条机，在理条过程中要随时观察理条情况，要求理条叶在槽内上下翻动，促使茶叶受热均匀，迅速挤滑成条。理条温度为180 ℃左右，理条后的茶叶含水量在55%左右。理条下叶后，在输送带传送过程中理条叶即完成了摊凉过程，时间约5 min。

中低档的黄山毛峰采用揉捻机成形。在现代加工工艺流程中，黄山毛峰常用智能型全自动茶叶揉捻机，每条揉捻生产线由10台揉捻机，以及自动称量、自动投叶、自动加压、自动出料等装置组成。投叶量为每台8~10 kg，根据鲜叶原料等级，在控制柜上事先设定好揉捻的压力和时间。揉捻机转速一般为 45～60 r/min。在揉捻过程中注意压力要小（轻压），时间要短（少于 15 min），以确保鲜叶完整度和成条率。揉捻后青叶要求基本成条，手握成团，松开即散，无黏手感。揉捻后的青叶需经滚筒式热风解块机解块，在解块的同时茶叶也均匀脱水。滚筒转速设置为 20～25 r/min，热风温度为 130～150 ℃，解块时间约为 2 min。

4）烘干。烘干采用自动烘干机，常见的有网格式烘干机和链板式烘干机，整个烘干机组由 4 台烘干机组成。烘干过程包括初烘、二烘、三烘和提香干燥 4 个连续性的步骤。初烘温度一般控制在 120～135 ℃，摊叶厚度 1～2 cm，茶叶含水量为 35%～40%；二烘温度控制在 110～125 ℃，茶叶含水量为 25% 左右；三烘温度控制在 95～105 ℃，茶叶含水量为 8%～10%；提香干燥温度控制在 70～80 ℃，茶叶含水量在 5.5% 左右。4 个步骤完成后，即可下机装箱。

四、黄山毛峰的品质特征

黄山毛峰外形细嫩匀齐，芽肥壮，有锋毫，形似雀舌，色泽油润微黄似象牙，鱼叶金黄。其香气清鲜高长，汤色清澈杏黄明亮，滋味鲜浓醇厚，回味甘甜，叶底嫩黄，肥厚成朵。其中，"金黄片"和"象牙色"是黄山毛峰的两大明显特征。

五、黄山毛峰的品鉴要点

1. 外形品鉴

（1）形状。外形细嫩匀齐，芽肥壮，有锋毫，形似雀舌的为佳；芽锋藏匿、芽毫少者为次。

（2）色泽。色泽嫩绿金黄油润，鱼叶呈金黄色的为佳。

2. 内质品鉴

香气清鲜高长，佳者带兰花香；汤色杏黄明亮，清而不浊的为佳；滋味醇厚，鲜浓而不苦涩，回味甘爽的为佳；叶底嫩黄肥壮，均匀成朵的为佳。黄山毛峰如加工不当，容易出现成品茶青气重、香低味浓等问题。

第 4 节　六安瓜片

一、六安瓜片的产地特征

六安瓜片属绿茶类，创制于清末，产于安徽省六安市，主产区位于六安市金寨县一带。

1. 地理位置

六安瓜片茶区地处大别山北麓，属淮河水系，海拔一般在 100~600 m。按照山势高低，六安瓜片产区分为内山瓜片和外山瓜片两个产区。海拔在 300 m 以上的山区为内山瓜片产区，除此之外都属外山瓜片产区。内山瓜片产区林地多，耕地少，茶园坡度多在 25°以上。外山瓜片产区与丘陵相接，峰圆坡缓，耕地面积较多。

2. 气候特征

六安瓜片主产区四季分明，季风明显，气温总体温和，但各地温差较大：海拔 100~300 m 的产区常年平均气温 15 ℃；海拔 300 m 以上的产区常年平均气温低于 14 ℃。年平均无霜期为 210~220 天。六安瓜片主产区光照充足，年日照时数为 2 000~2 300 h，年日照率在 50% 左右，光能资源较为丰富；雨量适中，年平均降水量为 1 200~1 400 mm，年平均降水天数为 125.6 天，常年相对湿度 80% 左右，属湿润地带。

3. 土壤特征

六安瓜片主产区的土壤类型比较复杂。内山瓜片产区主要是黄棕壤。土层深厚，有机质含量高，土壤肥力和通透性好，pH 值为 4.8~5.5；外山瓜片产区以下蜀系成土母质分化而成的黄棕壤为主，土层虽厚，但耕作层浅薄，质地黏重，底层常有不透水的黏盘层，肥力和透气性较差，pH 值为 5.0~6.5。

二、六安瓜片的茶树品种

六安瓜片的主要茶树品种为六安独山双峰中叶种,俗称大瓜子种。其叶片呈椭圆形,分枝密,育芽能力强,发芽整齐,叶片上斜着生,锯齿粗而钝,叶色黄绿,叶面稍隆起,叶脉 6~7 对,叶身内折,抗寒、抗旱性较强,产量中等。其他适制六安瓜片的茶树品种还有小瓜子种、大柳叶种和小柳叶种。

三、六安瓜片的采制技术

1. 采摘

(1)传统采摘标准。一般于谷雨后开采,传统采摘标准以一芽二三叶和对夹二三叶为主。鲜叶采回后要及时进行扳片。扳片也称掰片,就是将嫩叶(未开面)、老叶(已开面)分离出来,嫩叶用来炒制瓜片,芽、茎梗和粗老叶用来炒制"针把子"(作为副产品处理)。扳片是六安瓜片品质形成的重要加工步骤,其作用主要有以下几点。

1)通过扳片可以对鲜叶进行精细的分级,以便根据老叶、嫩叶对炒制技术条件的不同要求分别加工,使成品茶品质均匀。

2)鲜叶采回后,从扳片到炒制,实际上进行了一段时间的摊放(一般早上采茶,中午扳片,下午或晚上炒制),在此期间鲜叶中的多酚类化合物、蛋白质、糖类等物质会发生转化,使成品茶滋味醇和,香气清高。

3)经过扳片挑出的无梗单片叶可以方便地塑造成六安瓜片所要求的直而不弯、平而不扁、叶缘背卷的特殊外形。

(2)目前采摘标准。目前茶区有了新的采摘方法,省去了传统采摘中的"扳片"工序。待茶树新梢生长至一芽二三叶或三四叶,每枝有一两张大片时开采,采新梢上较成熟的三四叶,留芽与幼嫩的叶片、鱼片在嫩梢上,待芽叶展开,嫩叶生长到一定的成熟度再采摘。现在的采摘方式省去了"扳片"的传统工序,形成了茶园中遍布长梗嫩茎的独特风景。

2. 加工工艺

(1)传统加工工艺

1)生锅。生锅主要起到杀青的作用。炒茶锅口径约 70 cm,成 30°倾斜。锅温控制在 180~200 ℃，投叶量约 100 g，嫩片酌减，老叶稍增。鲜叶下锅后要用竹丝帚或芦花帚压在茶叶上面，叶片贴锅旋转翻炒，动作要迅速轻巧，使叶片受热均匀，同时不会将叶片压扁或挤成条状。翻炒 1~2 min，炒至叶片萎缩变软、叶色转暗即可。此时，立即将叶片扫入相邻的熟锅。

2) 熟锅。熟锅能起到造型和干燥的作用。锅温比生锅稍低，以 160~180 ℃为宜，投叶量嫩片为 25~50 g，中等片为 50~100 g，老片一般以不超过 250 g 为宜。要边炒边拍，使叶子逐渐成为片状，用力大小视鲜叶嫩度不同而异。炒嫩叶要提炒轻翻，帚把放松，以保色保形。炒老叶则帚把要带紧，以轻拍成片。炒至叶子基本成形，含水量 30% 左右时即可出锅。总历时 3 min 左右。

3) 毛火。毛火要用烘笼、炭火。烘笼直径 120 cm，烘顶高 75~80 cm。每笼投叶量约 1.5 kg，烘顶温度 100 ℃左右。老片、嫩片分别进行。嫩片含水量高，要薄摊，老片可稍厚，一般隔 2~3 min 翻一次，毛火的烘焙程度要求大干小潮，即老片要干些，嫩片要潮些。一般烘至八成至八成半干即可。

4) 拉小火。拉小火的目的是蒸发多余的水分和提升香气。拉小火最迟要在毛火后一天进行。每笼投叶量 2.5~3 kg。拉小火需要一种特制的"火摊子"，用砖块围着燃烧的栗炭做成，直径 80~90 cm，高约 20 cm。两人抬笼在"火摊子"上烘 3~4 s 就移开，换另一笼上烘，每个"火摊子"可烘 2~3 笼，轮流交替进行，每笼走烘 40~50 次，烘至九成干时下烘。摊凉装篓，一两天后拉老火。

5) 拉老火。拉老火是最后一次烘焙，对六安瓜片特殊的色、香、味的形成影响极大。拉老火要求火温高、火势猛。木炭要先排齐挤紧，烧匀烧旺。每笼投叶 3~4 kg，由两人抬烘笼在"火摊子"上烘焙 2~3 s 即抬下翻茶，依次抬上抬下，边烘边翻。为了充分利用炭火，可 2~3 个烘笼轮流上烘。每笼茶要罩烘 50~60 次，甚至 70 次左右。热浪滚滚，人流不息，实为我国茶叶烘焙技术中别具一格的"火功"。掌握罩烘次数的原则是晴天少、雨天多，嫩茶少、老茶多，根据具体情况灵活掌握。烘至表面上霜、叶片手指一捻成粉末即可下烘。趁热装入镀锌铁皮桶内，装满振实，焊锡密封储存。拉老火对六安瓜片的香味影响很大，过度则失去清香，汤色发黄，味欠鲜爽；不足则香低味淡，滋味欠醇且有青气。

(2) 机械加工工艺。六安瓜片的机械加工工艺流程为：鲜叶摊青→滚炒杀青→揉捻→理条机做形→远红外低温烘焙→摊凉→辉锅上霜→色选→远红外高温烘焙。

杀青采用电热滚筒杀青机，温度设定为 220~240 ℃，叶温为 95~115 ℃，时间为 60~130 s。杀青结束后，杀青叶在 25~30 ℃条件下摊凉 10~15 min，然后送

入揉捻机进行揉捻,揉捻时间为 5~8 min,揉捻桶转速为 48~66 r/min,桶内压力为 5~20 kg/cm²。揉捻后的茶叶在 25~30 ℃的条件下摊凉 5~7 min,送入理条机做形,槽锅锅温为 230~250 ℃,并在 U 形槽锅中加入 0.5~1.5 kg/cm² 规格的加压棒进行加压。做形后的茶叶用远红外低温烘焙机进行低温烘焙,加热器设定的温度为 450~500 ℃,叶温为 60~80 ℃,烘焙时间为 30~40 min。低温烘焙后的茶叶经摊凉机进行摊凉回软,摊凉机的出风口温度为 18~20 ℃,相对湿度为 80%~90%。摊凉后的茶叶经辉锅机进行辉锅上霜,辉锅筒壁设定温度为 200~240 ℃,叶温为 60~80 ℃,辉锅时间为 5~10 min。辉锅后的茶叶经茶叶色选机进行色选。去除飘叶、碎叶、变色叶后,进入远红外高温烘焙机进行高温烘焙,加热器设定温度为 520~600 ℃,叶温为 80~105 ℃,烘焙时间为 35~50 min。高温烘焙后的茶叶即为成品茶,要趁热装筒,压紧封口,在常温下放置一段时间后送入茶叶保鲜库储存。

四、六安瓜片的品质特征

六安瓜片单片顺直匀整,叶缘微向背面翻卷,不带芽梗,自然平展,形似瓜子。干茶色泽翠绿,起霜青润。汤色清澈透亮,香气清香高长,滋味鲜醇回甘,叶底嫩绿匀亮。

五、六安瓜片的品鉴要点

1. 外形品鉴

(1)形状。优质六安瓜片的外形平展,单片不带芽和茎梗,叶缘微向背面翻卷,形似瓜子。机制的六安瓜片卷曲度大,似条状,也称"瓜条"。

(2)色泽。六安瓜片以色泽翠绿、起霜青润的为上品。

2. 内质品鉴

六安瓜片以香气清鲜高长、汤色碧绿清澈、滋味鲜醇回甘、叶底厚实明亮的为佳。六安瓜片如加工不当,容易出现成品茶香气不足且欠持久,有青气,外形直条、不似瓜子等问题。

第 5 节 白牡丹

一、白牡丹的产地特征

目前,白牡丹产区分布在福建省南平市政和县、建阳区,以及福鼎市等地。

1. 地理位置

政和县位于福建省北部,与浙江省南部相邻,地貌属东南沿海丘陵区,东高西低,全境中低山面积占82.8%,丘陵占9.5%,河谷盆地占7.7%。

建阳区位于福建省北部、建溪上游、武夷山南麓,是福建最古老的五个县邑之一。建阳素有"林海竹乡"的美称,境内满目青山,层林叠翠,森林资源居全省第四位,是我国南方重点林区之一。

福鼎市地处福建省东北沿海,三面环山,丘陵起伏,西北高、东南低,一面临海,日照充足,溪流纵横,水源密布。群山海拔大多为 500~800 m,最高峰达 1 000 m 以上。

2. 气候特征

政和县属中亚热带季风湿润气候区。境内山地多,地形复杂,高低悬殊,因此具有多层次立体气候。其基本特点是雨热同期、四季分明、立体气候明显。年平均气温:西部 18.3 ℃,中部 17.4 ℃,东部 14.7 ℃。年平均无霜期:西部 262 天,中部 252 天,东部 212 天。年平均降水量:中西部 1 609 mm,东部 1 926 mm。

建阳区属亚热带季风性气候,光热资源丰富,冬短夏长,春暖秋爽,温差大,年平均气温 18 ℃,年平均降水量 1 730 mm 以上。

福鼎市属亚热带海洋性季风气候,常年气温温和,年平均气温 18.4 ℃,雨量充沛,年平均降水量 1 661 mm。

3. 土壤特征

政和茶区土壤为红、黄砂质壤土，土质疏松，土层深厚，pH 值为 5.4～6.2。

建阳茶区土壤为红壤和黄壤，pH 值为 5.4，土层深厚、肥沃。

福鼎茶区土壤为红壤、黄壤、冲积土，以红、黄壤为主。

二、白牡丹的茶树品种

适制白牡丹的茶树品种有：福鼎大毫茶、福鼎大白茶、福安大白茶、政和大白茶、水仙等。不同品种制成的白牡丹成品茶品质略有差异。例如，福鼎大白茶制成的白牡丹毫芽洁白肥壮、茸毛多；政和大白茶制成的白牡丹毫芽肥壮、味鲜、香清、汤厚；水仙品种制成的毛茶称为"水仙白"，香气和滋味俱佳，但叶张色泽带黄，多供拼配之用。

三、白牡丹的采制技术

1. 采摘

（1）采摘时间。白牡丹的采摘时间为早春时节（3月底至4月中旬）。

（2）采摘标准。高级白牡丹鲜叶为一芽一二叶初展，普通白牡丹鲜叶以一芽二叶为主，兼采一芽三叶和幼嫩对夹叶。

（3）采摘要求。按标准适时分批采摘，要求雨天不采、露水未干不采、紫色芽头不采、虫伤芽不采、开心芽不采、病态芽不采、霜冻伤芽不采。

2. 加工工艺

（1）萎凋。白牡丹的萎凋工艺有室内自然萎凋、复式萎凋和加温萎凋。

1）室内自然萎凋。鲜叶进厂即摊放于萎凋帘或水筛上，动作要轻巧，以免芽叶受损。嫩度高、肥壮、含水量高的鲜叶要薄摊，反之厚摊。一般萎凋帘摊叶厚 2～3 cm，水筛每筛摊叶 0.4～0.5 kg。萎凋以温度 20～25 ℃、相对湿度 70%～80% 为宜。萎凋总历时 48～60 h。当萎凋至七八成干时，需进行并筛处理。并筛可促进叶缘垂卷，防止叶面贴筛而成平板状，有利于形成白牡丹的自然叶态。以大白茶为原料的需经两次并筛，于七成干时并筛一次，待八成干时再并筛一次。第二次并筛后，将叶片摊成凹字形，以提高叶温，保持一定的湿度，促进芽叶内含物的转化和品质的形成。

2）复式萎凋。复式萎凋是指室内自然萎凋和微弱日光萎凋相结合的萎凋方式。晒青时间视室外温、湿度而定，晒至叶片微热时移入室内，待萎凋叶温度下降后再进行晒青，重复2～4次，日照总时数为1～2 h。一般室外温度25 ℃左右、相对湿度约65%时，晒青25～35 min；室外温度30 ℃左右、相对湿度低于60%时，晒青15～20 min。大白茶和水仙嫩梢肥壮，含水量高，多采用此法，以加速水分蒸发和提高茶汤醇度。摊青和并筛方法同室内自然萎凋。

3）加温萎凋。若遇阴雨天气或空气湿度大时可采用加温萎凋的方式。将鲜叶均匀摊放在萎凋槽内，摊叶厚20～25 cm，风温约30 ℃，全程历时20～36 h，中间翻拌数次，动作宜轻。鼓热风和停吹交替进行，一般鼓热风1 h停吹10 min。下叶前20 min宜停止加温，改为鼓冷风以降低叶温。萎凋叶达六七成干时，及时堆积3～5 h，堆厚20～30 cm。堆中温度控制在22～25 ℃，避免温度过高引起萎凋叶变红。待到萎凋叶嫩梗和叶片主脉变为深红棕色，叶色转为暗绿或灰绿，青臭味消失，茶叶清香显露时，应及时烘焙，否则易引起叶张变红。萎凋过度时成品茶呈暗褐色，俗称"铁板色"；萎凋不足时成品茶叶色燥绿或枯黄，香味青涩。

（2）干燥。萎凋叶达九成干时必须进行干燥。干燥采用晒干或烘干。烘干有烘笼烘焙和烘干机烘焙两种方式。

1）烘笼烘焙。萎凋叶达九成干时，烘温控制在70～80 ℃，每笼摊叶1 kg，20 min可达足干。七八成干的萎凋叶要分两次烘干：先用90～100 ℃烘至九成干，下焙摊凉；再用70～80 ℃烘至足干，其间翻拌2～3次，翻拌时动作要轻，谨防叶片断碎，茸毛脱落。

2）烘干机烘焙。九成干的萎凋叶采用一次烘焙法，烘温为70～80 ℃，历时约20 min，烘至足干。七八成干的萎凋叶分两次烘焙，初烘温度100 ℃左右，快速烘焙约10 min。初烘后摊凉0.5～1 h，使水分重新分布均匀。复烘温度为80 ℃左右，历时20 min，烘至足干。

四、白牡丹的品质特征

白牡丹外形自然舒展，叶缘垂卷，芽叶连枝，色泽灰绿，夹以银白毫心，呈"抱心形"。白牡丹滋味清醇微甜，毫香鲜嫩持久，汤色杏黄明亮，叶底嫩匀完整，叶脉微红。

五、白牡丹的品鉴要点

1. 外形品鉴

（1）形状。叶张肥嫩，叶态伸展，毫心与嫩叶相连不断碎的为佳，叶张瘦薄的为次。

（2）色泽。色泽灰绿，毫色银白的为佳，色灰的为次。

2. 内质品鉴

香气有毫香的为佳，有青气的为次；汤色橙黄清澈的为佳，深黄的为次；滋味鲜甜有毫味的为佳，粗涩淡薄的为次；叶底细嫩、柔软、鲜亮的为佳，暗杂或带红张的为次。

第6节 君山银针

一、君山银针的产地特征

君山银针为历史名茶，属黄茶类，首创于唐代，产于湖南省岳阳市洞庭湖中的君山岛上，因茶叶满披茸毛，底色金黄，冲泡后像黄色羽毛一样根根竖立而得名。

1. 地理位置

君山为湖南省洞庭湖中的一个秀丽湖岛，四面环水，位于岳阳城西 15 km 处。君山由 72 个大小山峰组成，雅称"七十二青螺"，茶园罗布其间。

2. 气候特征

君山气候湿润，冬春多雾，夏秋多云。年平均日照时间为 1 740 h，年平均温度为 16～17 ℃，年平均降水量为 1 340 mm，空气湿度大，年平均相对湿度为 84%。岛上春夏季湖水蒸发，云雾弥漫，竹木丛生，有利于茶树的生长。

3. 土壤特征

岛上多为细小沙质土，土层深厚肥沃，土质疏松，吸热能力强，表层水分蒸发快，散热也快。

二、君山银针的茶树品种

君山银针的主要茶树品种君山种为有性繁殖系品种，灌木型，中叶类，中生种。其植株树姿半开展，分枝密，叶片近水平状着生，叶椭圆形，叶色绿，叶面隆起，叶质中等，芽叶绿色，茸毛中等，芽叶生育力强，持嫩性较强。

三、君山银针的采制技术

1. 采摘

（1）采摘时间。君山银针的采摘时间为清明前 7~10 天开始至清明后 10 天结束。

（2）采摘标准。采芽头，要求芽头肥壮重实，芽长 25~30 mm，宽 3~4 mm，芽蒂长约 2 mm，肥硕重实，一芽头包三四个已分化却未展开的叶片。为防止擦伤芽头和茸毛，盛茶篮内要衬白布。根据经验，君山银针有"九不采"原则，即雨天芽、露水芽、紫色芽、空心芽、开口芽、风伤芽、虫伤芽、瘦弱芽、过长过短芽均不采。采摘时，不可用指甲掐采，必须轻轻折断芽头。

2. 加工工艺

（1）摊青。将采回的芽头摊于竹匾中，置于阴凉处摊放 4~6 h，中途不翻动，待水分含量减少 5% 左右即可杀青。

（2）杀青。杀青在倾斜角度为 20° 的斜锅中进行，斜锅在鲜叶杀青前要磨光擦净，保持锅壁光滑，火温要遵循先高（100~120 ℃）后低（80 ℃）的原则，每锅投叶量 300 g 左右。茶叶下锅后，两手轻轻捞起，由怀内向前推去，上抛抖散，让茶芽沿锅下滑。动作要灵活、轻巧，切忌重力摩擦，防止芽叶弯曲、脱毫、茶色深暗。4~5 min 后，当芽蒂变软、青气消失、发出茶香、减重 30% 左右时，即可出锅。

（3）摊凉。杀青叶出锅后，要盛于小竹匾中，轻轻扬簸几次散发热气、清除细末杂片，摊凉 4~5 min 即可初烘。

（4）初烘。摊凉后每锅杀青叶均匀薄摊在 3 个小竹匾内（竹匾直径 46 cm，内糊两层牛皮纸），放在炭火炕灶上进行初烘。温度控制在 50～60 ℃，烘 20～30 min 至五成干左右。初烘程度一定要认真把握。初烘过干，初包时会转色困难，达不到香高色黄的要求；初烘过湿，则会导致香气低闷、色泽发暗。

（5）初包。初烘叶稍经摊凉，即用牛皮纸包好，每包 1.5 kg 左右，置于铁桶或枫木箱内，放置 40～48 h，在这个过程中茶芽会因发生一系列的化学变化而黄化。初包是君山银针品质形成的重要工序，每包茶叶的量要合适，太多则化学变化剧烈，芽易发暗，太少则变色缓慢，难以达到初包的要求。由于闷包时茶叶会氧化放热，包内温度会逐步升高，24 h 后可达 30 ℃ 左右，因此应及时翻包使转色均匀。初包时间的长短与气温有密切的关系，气温在 20 ℃ 左右时初包时间约 40 h，若气温低于 20 ℃ 则应适当延长初包时间，芽现黄色时即可松包复烘。通过初包，君山银针品质风格基本形成。

（6）复烘与摊凉。复烘的目的在于进一步蒸发水分，固定已形成的有效物质，减缓在复包过程中某些物质的转化。复烘时每竹匾摊叶量比初烘时多一倍，复烘温度为 45 ℃ 左右，时间为 1 h 左右，烘至八成干即可。若初包变色不足，则烘至七成干为宜。下烘后要进行摊凉，此时摊凉的目的与初烘后的摊凉相同。

（7）复包。复包方法与初包相同，时间约 20 h，待茶芽色泽金黄均匀、香气浓郁即可停止。

（8）足火。足火温度为 50～55 ℃，每次约烘 0.5 kg，烘至足干，要求含水量不超过 5%。

（9）拣选。足火摊凉后，要按芽头的肥瘦、曲直、色泽明暗进行挑选分级。分级后的茶叶用牛皮纸分别包成小包，置于垫有熟石膏的枫木箱中密封储藏。

四、君山银针的品质特征

君山银针芽头壮实挺直，大小、长短均匀，色泽金黄光亮，满披银毫，素有"金镶玉"的美称；汤色橙黄明净，香气清纯，滋味甘甜醇和，叶底黄亮匀齐。

五、君山银针的品鉴要点

1. 外形品鉴

（1）形状。优质君山银针的芽头肥壮挺直、匀齐，瘦弱、弯曲的为次。

（2）色泽。以色泽金黄光亮的为佳，色泽暗黄的为次。

2. 内质品鉴

君山银针内质特征为香气清鲜，汤色橙黄明净，滋味甜爽，叶底嫩黄匀亮。优质君山银针冲泡在玻璃杯中时，可见芽头在杯中直挺竖立，时而悬浮于水面，时而徐徐下沉于杯底，忽升忽降，三起三落，蔚为壮观。君山银针如加工不当，容易出现成品茶色泽偏绿等问题。

第 7 节　铁观音

一、铁观音的产地特征

1. 地理位置

铁观音为历史名茶，属青茶类，产于福建省安溪县。安溪县位于福建东南部，晋江西溪上游，属戴云山脉，系该山脉向东南延伸的支脉部分。

2. 气候特征

铁观音产区四季常春，冬无严寒，夏无酷热，气候温和，雨量充沛，基本能满足茶树旺盛生长的需要，素有"茶树良种宝库"之称。低山产区年平均气温 16.4～18.5 ℃，无霜期 256～324 天；丘陵产区年平均气温 19～21.2 ℃，无霜期 324～365 天。低山产区年降水量 1 700～1 900 mm，相对湿度 78%～80%；丘陵产区年降水量 1 546～1 750 mm，相对湿度 76%～78%。

3. 土壤特征

受气候与地形的影响，安溪县东南部为南亚热带雨林砖红壤性红壤，西部为中亚热带常绿阔叶林山地红壤。西北部地势较高，植被繁茂，湿度大，气温低，土层深厚，地表腐殖质层一般为 5～10 cm，有机质含量为 1.5%～2%，pH 值为 5～6。东南部丘陵

地区地势较平缓，海拔低，植被较少，日照强，气温高，土层深厚，地表腐殖质层为 0~5 cm，有机质含量为 0.5%~1.5%，pH 值为 5~6。全县土壤肥力从西北至东南逐渐降低，土壤类型垂直分布。

二、铁观音的茶树品种

铁观音茶树品种为灌木型、中叶类、迟芽种，有紫芽观音、白心尾观音、红芽观音、薄叶观音、圆叶观音等，其中以紫芽观音为正宗，品质最佳。铁观音树姿披张，分枝稀疏斜生，叶椭圆形，叶厚质脆，浓绿油润，叶尖渐尖下垂，叶缘隆起，侧脉明显，叶缘向背呈波浪状，锯齿粗而钝。

三、铁观音的采制技术

1. 采摘

（1）采摘时间。铁观音的采摘分四时。4月底至5月初采摘春茶，6月下旬采摘夏茶，8月上旬采摘暑茶，10月上旬采摘秋茶。制茶品质春茶最好，秋茶次之，其香气特高，俗称"秋香"，但汤味较薄。夏、暑茶品质较次。

（2）采摘标准。当嫩梢形成驻芽，顶叶刚开展呈小开面或中开面时，采下二三叶。采时要做到"五不"：不折断叶片，不折叠叶张，不碰碎叶尖，不带单片，不带鱼叶和老梗。生长地带不同的鲜叶要分开采摘，特别是早青、午青、晚青要严格分开，其中午青的品质最优。

2. 加工工艺

（1）传统加工工艺

1）摊青。摊青的目的是散发热量，保持鲜叶的新鲜度。每筛摊放叶片 1.5~2 kg，按次序置于摊青架上，摊青过程中要轻翻 2~3 次，使水分蒸发均匀。

2）晒青。一般在下午阳光转弱时进行。叶片宜薄摊，一般摊叶厚度为 2~4 cm。晒青时间为 15~30 min，其间翻拌 2~3 次，翻拌动作要轻巧，确保鲜叶晒青程度一致且不受损伤。叶片以失去原有光泽，叶色转暗，手摸柔软，顶叶下垂，减重 8%~10% 为适度。之后移入室内摊青，待叶温下降，叶内水分重新分布，即可做青。

3）做青。摇青与静置相间进行，合称做青。做青技术要求高，灵活性强，是决定茶叶品质优劣的关键。通过摇青可以使叶子的叶缘细胞受损，经过静置茶叶中的多酚类化合物在酶的作用下就会缓慢地氧化并引起一系列的化学变化，从而形成铁观音的特有品质。铁观音鲜叶肥厚，因此要重摇并延长做青时间，共需摇青 5~6 次。每次摇青的转数由少到多，摇青后静置时间由短到长，摊叶厚度由薄到厚，发酵程度逐次加深。第三、第四次摇青必须摇到青味浓强、鲜叶硬挺为止。第五、第六次摇青视叶色、香味的变化程度而灵活掌握。做青结束前进行堆青发酵，将做青叶堆积于篓（篮）中，厚约 40 cm，稍用力压紧，一般历时 1~2 h。待叶温升高，手触有微热感，花香浓郁，叶面背卷或隆起，红点明显，叶色黄绿，叶缘红色鲜艳，叶柄青绿色，呈"青蒂绿腹红镶边"时，发酵程度为 25% 左右，红边占做青叶面积的 15%~20% 时即为做青适度。

4）杀青。杀青要及时，以防香气减退和发酵过度，以高温短时、多闷少透、炒熟炒透为原则。杀青适度时，叶色转暗，叶张皱卷，手握杀青叶略有黏感，叶质柔软，花香显露，含水量为 60% 左右。

5）揉捻、烘焙。铁观音的揉捻是多次反复进行的，初揉 3~4 min，解块后即进行初烘。烘至五六成干不黏手时下焙，然后趁热包揉。手工包揉采用 75 cm 见方的布巾，将初烘叶趁热（约 50 ℃）用布巾包起，每包约 0.5 kg 初烘叶，抓住布巾的四角做包口，置于长凳上，一手紧压茶包向前滚动搓揉，边搓揉边收紧包口，茶条在布包内不断翻转卷曲，揉出茶汁。其间运用揉、压、搓、抓、挤等手法。包揉时用力先轻后重、由表及里，要有搓动内部茶条的感觉。轻揉 1 min 后，解散茶团，重揉 3~4 min，茶条多卷曲，已成"蜻蜓头"和"青蛙腿"的雏形。初包揉后解去方巾，解散茶团，以免闷热发黄。接着进入复烘工序，复烘后进行复包揉，方法同初包揉。手工包揉 2 min 左右，揉至条形卷曲呈螺状。复包揉解块后进行一次筛分，未成形或不够卷曲的茶条进行第三次烘焙和包揉。最后一次包揉后捆紧布巾，定型约 1 h，以固定卷曲外形。经三揉三焙后，再用 50~60 ℃ 的文火慢烤，以使成品香气敛藏，滋味醇厚，外表色泽油亮，茶条表面凝结一层白霜。

机械包揉每次装初烘叶 9~10 kg，叶温 40~45 ℃。投叶后轻揉 5~7 min，稍重揉 6~8 min，重揉 10~15 s，定型约 10 min。最后机器烘干，烘温控制在 90~100 ℃，历时 20~25 min，一次完成。

6）簸拣。慢烤后的茶叶经过簸拣，除去梗片、杂质即为成品茶。

（2）新加工工艺。近年来，市场上开始流行新加工工艺的铁观音，以香气清高持久、滋味清醇鲜爽、汤色清亮、少红边或基本无红边为特点。此类铁观音的工艺流程

与传统铁观音相比,有以下几处不同点。

1)做青结束前不堆积发酵。

2)杀青后增加去红边工艺。

3)杀青后不经揉捻直接进行冷包揉。

4)包揉次数比传统加工工艺多。

5)杀青温度比传统加工工艺高,杀青程度也重于传统加工工艺。

其中,去红边工序是铁观音新加工工艺的特殊之处。去红边方法:抖散杀青叶后,趁热短时搓揉或用布包裹好甩包撞击,使杀青叶红边碎脱,然后及时筛分并摊凉回潮。经去红边处理后叶底、叶缘欠完整,呈不规则锯齿状。

去红边的目的:剥离叶缘红边,保证茶汤绿亮明净;散热,降低叶温,避免热闷;使杀青叶回潮,促进梗叶的水分平衡,为后续包揉奠定造型基础。

四、铁观音的品质特征

铁观音条索卷曲、壮结、重实,呈"青蒂绿腹蜻蜓头"状,色泽鲜润富光泽,叶表带白霜;汤色清澈金黄,滋味醇厚甘鲜,入口回甘带蜜味,"音韵"明显,香气清高馥郁,具天然的兰花香,叶底肥厚明亮,具绸面光泽。

五、铁观音的品鉴要点

1. 外形品鉴

(1)形状。优质的铁观音条索卷曲、壮结、重实,呈"青蒂绿腹蜻蜓头"状。

(2)色泽。铁观音色泽砂绿翠润的为佳。

2. 内质品鉴

优质的铁观音香气清高馥郁,具天然的兰花香,汤色清澈金黄,滋味醇厚甘鲜,入口微苦后立即转甘,"音韵"明显,耐冲泡,叶底开展,肥厚软亮,匀整,边缘下垂,青翠显红边。铁观音如加工不当,容易出现成品茶滋味淡薄,香气低短,味苦涩带青气等问题。

第 8 节 冻顶乌龙

一、冻顶乌龙的产地特征

1. 地理位置

冻顶乌龙产于台湾省南投县鹿谷乡。南投县地形呈长方形，县内山多平原少，有"山岳县"之称，台湾五大山脉中有三大山脉（中央山脉、玉山山脉及阿里山山脉）贯穿该县。

2. 气候特征

冻顶乌龙产区年平均气温为 23.7 ℃，全年 2 月的气温最低，平均为 15.45 ℃。全年气候温和，冬暖夏凉，无狂风暴雨，有辽阔森林分布，空气清新。全年降水量为 2 300 ~ 2 600 mm，夏秋季多台风雨及地形雨，夏秋季降水约占全年降水的 70%，雨季集中在 5—9 月，冬春季降水较少，10 月至次年 3 月是干季。全年相对湿度大于 80% 的天数在 200 天左右。全年累计雾日 30 ~ 40 天，里山比外山多。海拔 800 m 左右的鹿谷乡春冬季经常晨雾笼罩，对于滋润茶树及提高茶叶品质极为有利。

3. 土壤特征

冻顶乌龙产区土壤主要为红棕壤土、黄棕壤土及石质土。

二、冻顶乌龙的茶树品种

冻顶乌龙的茶树品种主要为青心乌龙种。青心乌龙种是台湾中小叶种中的四大名种之一，用它制作的冻顶乌龙品质最优。青心乌龙树型较小，属于开张型，枝叶密生，叶形较圆长，叶尖较狭，色泽较青翠，枝条较柔软。青心乌龙种制作的成品茶味圆润，稍带刺激性，香气较清扬，有一种甜香。

三、冻顶乌龙的采制技术

1. 采摘

（1）台湾气候温暖，一年四季皆可采茶，以春、冬、初夏及秋季采制的茶品质为佳。采摘标准以开面后 1~2 天，其下二三叶的叶片尚未硬化最为理想。

（2）采摘的青叶宜分 3 次处理，即分为早青（上午 10 时以前采的青叶）、午青（上午 10 时至下午 3 时采的青叶）和晚青（下午 3 时以后采的青叶）。

（3）隔夜的青叶很难加工出高品质的茶叶，因此要严格控制青叶的数量，以当日制完为原则。入厂后青叶应尽快摊薄散热，以免发热变红，尤其是高温季节应特别注意。

2. 加工工艺

（1）萎凋。视天气而定，选用日光萎凋或室内加温萎凋方法。日光萎凋时，鲜叶要薄摊，每平方米摊 1 kg 左右，日晒温度以 30~35 ℃为宜，温度过高时可用纱绸遮阳，历时一般为 10~20 min，中间轻翻 2~3 次。日光微弱时可萎凋 30~40 min。室内加温萎凋使用萎凋槽，摊叶厚度为 5~10 cm，热风温度为 35~38 ℃，风速为 40~80 m/min，中间轻翻 2~3 次。当失水 4%~9%，用手触摸青叶有天鹅绒般的柔软感，已发出一种清香，且第二叶已失去光泽时即可停止萎凋。

（2）做青。经萎凋的鲜叶在室内先摊置 2 h，再进行做青。做青是摇青和静置相结合的过程。摇青有手工摇青和摇青机摇青两种方式，摇青次数及时间依青叶特性、采制季节、天气等因素而定。老叶重摇，嫩叶轻摇，随摇青次数的增加摇青时间逐渐延长，静置时摊叶厚度逐次增厚。一般摇青次数为 3~5 次，第一次摇青约 1 min，每次静置时间为 60~120 min。第 1 次和第 2 次均需轻摇，将青叶轻轻拨动翻转即可。若摇青过重，茶青易受伤而"走水"不良，引起"积水"现象，成品茶会色泽暗黑，汤色发暗，且滋味苦涩。若摇青不足，则将导致包种茶特有的香气不显，甚至带有青臭味。最后一次要将青叶放入摇青机内摇青，摇青后将青叶装入高约 60 cm 的竹笼，静置 60~180 min，待发酵程度达 25% 左右、青叶的青臭味消失且发出清香时，即可杀青以终止发酵。

（3）杀青。有锅炒杀青和炒青机杀青两种方法。锅炒温度以 160~180 ℃为宜，炒青机温度以 250~300 ℃ 为宜。炒至手握叶子柔软，芳香透出，减重 35%~40% 为适度。

（4）揉捻。杀青叶稍散热后，投入揉捻机趁热揉捻。揉捻时间以 5~10 min 为宜。一般先由揉捻机中压揉捻 6~7 min，再重压揉捻 3~4 min。应特别注意温度、时间及茶叶含水量的适当配合。当叶温高于 60 ℃，揉捻时间为 10 min 以上时，茶叶有随时产生"闷味"的危险，应特别小心。

（5）解块。揉捻后要解散茶叶中出现的团块，以利于干燥均匀。茶叶经解块后应在 30 min 内烘焙，以免茶叶继续发酵变红。

（6）初干。初干温度以 110~115 ℃ 为宜，烘至叶面无水、手握叶片柔软有弹性且不黏手时下机，随后置于筐箩中，静置过夜，使茶叶本身的水分均匀渗透，以便进行整形再揉。

（7）整形。将过夜的初干叶置锅中炒热或经烘干机烘至 60~65 ℃，装入特制布袋中，将布袋结紧后再反结，以速包机、布球形揉捻机或手工团揉。团揉过程中，不断重复"包布揉→静置→解块→复炒"的操作，揉至茶叶外观呈半球形为止。

（8）干燥

1）烘笼烘焙。将揉捻叶摊放于烘笼中，每笼摊叶量约 2 kg，并置于烘坑上烘焙，烘焙分两次进行。初烘火温 105~110 ℃，时间 3~8 min。初烘时，需不时将烘笼移出烘坑翻动，使茶叶干燥均匀，同时也可防止茶末掉入火中生烟，导致茶叶芎烟味而影响品质。初烘完成后，需摊凉 30~60 min，使青叶水分重新分布达到平衡，再进行复烘。复烘火温 85~95 ℃，投叶量约 4 kg，时间 40~60 min，高火候茶复烘时间可延长至 90~120 min。

2）烘干机烘焙。自动烘干机热风进口温度为 100~110 ℃，揉捻叶薄摊，烘 30~60 min。若是粗老叶，为使其条形美观可采用二次烘焙法。初烘温度为 100~110 ℃，时间为 6~10 min。经摊凉后复烘，温度为 80~90 ℃，烘至足干。

四、冻顶乌龙的品质特征

冻顶乌龙外形卷曲呈半球形，色泽翠绿油润有光泽，具强烈芳香。冻顶乌龙冲泡后清香明显，带自然花香或果香；汤色蜜黄（金黄），清澈而鲜亮；滋味醇厚甘润，回韵强；叶底柔嫩有芽，翠绿完整，略有红边。

五、冻顶乌龙的品鉴要点

1. 外形品鉴

（1）形状。优质的冻顶乌龙条索自然卷曲呈半球形，整齐紧结。

（2）色泽。冻顶乌龙色泽翠绿油润有光泽的为佳。

2. 内质品鉴

冻顶乌龙内质特征为清香明显，带自然花香或果香；汤色金黄中带绿意，清澈明亮；滋味醇厚甘润，回韵强；叶底以柔嫩厚软、翠绿完整、略有红边的为佳。冻顶乌龙如加工不当，容易出现成品茶香低、味淡的问题。假冒的冻顶乌龙往往叶形不及冻顶乌龙狭长，叶色也不及冻顶乌龙鲜润，滋味欠醇厚，涩感较重，回韵弱或无回韵。

第9节　凤凰单丛

一、凤凰单丛的产地特征

1. 地理位置

凤凰单丛产于广东省潮州市潮安区凤凰镇。凤凰镇位于潮安区东北部，东邻饶平，北连大埔，西界丰顺，四面青山环抱。

2. 气候特征

凤凰单丛产区属亚热带季风性湿润气候，常年气温温和，年平均气温为 20 ℃ 左右，一般年降水天数为 140 天，年平均降水量为 2 000 ~ 2 200 mm。产区内植被好，绿化率达 96.4%，因此水分蒸发慢，空气相对湿度保持在 80% 以上，利于茶树良好生长。

3. 土壤特征

凤凰单丛产区以红壤土和黄壤土为主，土层深厚，富含有机质，pH 值为 4.5~6。

二、凤凰单丛的茶树品种

凤凰单丛的茶树品种为凤凰水仙，古称"鸟嘴茶"，系从红茵茶树品种培育而成。红茵是野生型的茶树，因嫩梢新叶的前端呈现斑斓的浅红色而得名。凤凰水仙品种适应性广，抗逆力强，适制性好，既可以在高山生长，也可在丘陵、平原生长。凤凰水仙品种树型分为乔木、小乔木、灌木三种类型。

三、凤凰单丛的采制技术

1. 采摘

（1）采摘时间。凤凰单丛一般采三季，春季、秋季和冬季，要选择在晴天下午 1—4 时采摘。

（2）采摘标准。采对夹二三叶，一般在新梢形成小开面后采摘成熟度适宜的嫩梢。

（3）采摘要求。轻采轻放，以免芽叶受损。采下的鲜叶不能压实，防止叶温升高。因茶树品种不一，采下来的鲜叶有乌叶、白叶、厚叶、薄叶、大叶、小叶之分，要分开放置于不同的茶筐，以利于分类加工。

2. 加工工艺

（1）晒青。晒青最佳时间为下午 4—5 时，时间长短视叶张的厚薄、鲜叶含水量、阳光强弱等因素来决定。在气温 25 ℃左右时，晒青时间为 15~20 min。气温高于 28 ℃时不宜晒青。晒青时鲜叶需均匀薄摊，以叶片不重叠为宜。晒青适度时，叶色失去原有光泽，转为暗绿色，青叶基本贴筛，叶质萎软，手摸柔滑，略有香气产生，茶青失水率为 10%~15%。若晒青不足，茶青含水量过高，少数叶张会变软，多数叶张呈紧张状态，导致成品茶青条多、滋味苦涩。若晒青过度，叶子紧贴筛面，部分嫩叶变红起皱，茶青不能还阳，影响下一步的变化，导致成品茶的色、香、味均较差。

（2）晾青。晒青适度后，将2~3筛青叶并作一筛，将水筛移入室内摊青架上，放在阴凉通风的地方，使叶子散发热气，降低叶温和平衡调节叶内的水分，使青叶恢复紧张状态。晾青摊叶厚度应不超过3 cm，若堆摊过高，会造成叶温升高，出现早吐香现象。晾青过程中不宜翻动青叶，晾青总历时1.5~2.5 h。

（3）做青。做青是形成凤凰单丛香高味浓品质的关键工序。做青由碰青、摇青、静置三个过程往复交替数次完成。做青间要求室温稳定在20 ℃左右，相对湿度以80%为宜。做青过程先碰青后摇青，碰青与摇青次数先少后多，用力由轻渐重，静置时间由短到长，摊叶厚度由薄到厚，一般为15~20 cm。

碰青要求：手势要轻，手心向上，五指分开，用双手从筛底轻捧叶子上下抖动，使茶青相互碰撞，起到摩擦叶缘细胞从而导致发酵的作用。在经历多次碰青后，青叶气味历经青气→青香气→青花气，最终逐渐转为凤凰单丛不同香型的轻微自然花香。

碰青的原则：碰青必须根据原料、品种、时间、晒青程度、天气情况灵活掌握。碰青次数一般是5次。每次碰青后，通过静置会产生回青状态。茶青在碰青后若不能及时回青，制成的干茶会带有苦涩味。茶青的回青原理是：在晒青过程中，叶片受日光照射水分散发快，而枝条叶脉水分散发慢，导致叶片与枝条的含水量不同。在碰青过程中，通过碰撞刺激，枝条叶脉的水分循环流动，不断补充到叶片细胞中，使枝、叶水分协调平衡，形成茶叶的回青。同时，回青时也把枝条叶脉中的有效成分输送到叶片细胞中，从而减少成品茶的苦涩味。

做青过程中，茶青若出现先吐香，成品茶的干茶香气就会不高；茶青若出现慢吐香，干茶的香气就会不清；茶青若不吐香，成品茶就不会有干香。出现这些现象的原因主要是受茶青发酵温度的影响。在做青过程中，温度越高，芳香物质的分解就会越快，导致先吐香。相反，温度越低吐香就越慢。因此，在做青过程中一定要结合温度操作，可采用空调设备调节温度，以控制做青叶适时吐香。正常情况下，青叶从第三次碰青时就出现吐香，同时青叶开始出现轻微红边状态。第四和第五次碰青后，应进行摇青操作：两手紧握筛沿，用力做回旋运动，青叶呈波浪式滚动，使其相互碰撞以破损叶缘细胞，促进发酵。叶片出现红边、叶形呈汤匙状、自然花蜜香显露即为做青适度。

（4）杀青。手工杀青锅口径65~70 cm，杀青温度130~160 ℃，投叶量1.5~2.5 kg。锅式杀青机口径72 cm，转速35 r/min，投叶量4~5 kg。90型和110型滚筒杀青机投叶量分别为15 kg和20 kg。锅式杀青机和滚筒杀青机温度控制在200~220 ℃。杀青原则为"高温、快速、多闷、少扬"，杀青时间一般为8~15 min。杀青时，乌叶与白叶要分开杀青，青叶形态不同，茎细嫩、叶质厚薄、含水量不一，时间与锅温要求也有区别。

杀青时，温度不宜太低，应先高后低，防止青叶变焦；扬炒时间不宜太长，防止失水过多，叶片干枯、碎裂；闷炒时间不宜太长，防止叶片氧化变红。当杀青叶色泽变为浅绿略呈黄色，叶面完全失去光泽，无青臭味，微微散发花香（品种香）时，即为杀青适度。

（5）揉捻。揉捻遵循"轻、重、轻"的原则，时间以 3~5 min 为宜。杀青叶出锅后，稍透散水汽即可进行温揉，温揉至叶质柔软易卷曲成条。适宜的揉捻程度为：条索紧结，茶汁溢出，细胞组织破损率为 20%~40%。如外形不够紧结，需进行第二次复炒、复揉，以促进条索的紧结度。揉捻适度的茶叶要及时拆松、薄摊，并及时进行烘焙，防止茶叶继续氧化，从而避免成品茶汤色暗红、滋味欠爽。

（6）烘焙。烘焙采用烘笼，分三次烘干。初烘温度为 130~140 ℃，时间为 5~10 min，中间要翻拌两次，烘至五六成干即可起焙摊凉。待初烘叶凉透、梗叶水分分布均匀即可进行复烘。复烘温度为 90~100 ℃，摊放厚度不能大于 6 cm，烘至八成干后摊凉。最后一次烘焙温度控制在 70~80 ℃，烘至足干一般需要 2~6 h。切忌不能一次烘干，在烘焙过程中要及时翻拌，复烘时烘笼上要加盖，以免香气散失。当茶叶清香显露、梗折即断、茶叶手捻呈粉末状时，即为烘焙适度。凤凰单丛的成品茶含水量 ≤ 6%。

四、凤凰单丛的品质特征

凤凰单丛外形条索紧结挺直，色泽黄褐油润；香气持久，具有独特的天然花香；汤色金黄，清澈明亮；滋味浓醇甘爽，具特殊山韵味；叶底柔软，叶腹黄亮，红边显，耐冲泡。

凤凰单丛以香气独特为其品种优势，有十大经典香型：蜜兰香、芝兰香、黄枝香（栀子花香）、玉兰香、桂花香、姜花香（通天香）、夜来香、茉莉花香、杏仁香、肉桂香。

五、凤凰单丛的品鉴要点

1. 外形品鉴

（1）形状。优质的凤凰单丛条索紧结、细短。

（2）色泽。凤凰单丛色泽黄褐、油润、有光泽的为佳。

2. 内质品鉴

凤凰单丛香气细锐持久的为佳，有花香但欠持久的为次。滋味浓郁爽口，回甘力强，山韵味明显，汤中带香的为佳；滋味欠浓，有苦涩感的为次。汤色橙黄明亮，多次冲泡汤色不变的为佳；汤色橙黄明亮，但褪色变色快的为次。叶底柔软明亮，淡黄红边的为佳；叶底欠软、欠匀尚明亮的为次。

第 10 节　武夷岩茶

一、武夷岩茶的产地特征

武夷岩茶属于闽北乌龙茶，产自武夷山市，集品种香、土壤香、气候香、加工香四香于一体，其品质在闽北乌龙茶中为最佳。

1. 地理位置

武夷山市位于福建省北部，地处福建、江西两省交界处，东、西、北部群山环抱、峰峦叠嶂，中南部较平坦，为山地丘陵区。武夷山群峰相连，峡谷纵横，九曲溪萦回其间，全山有三十六峰、九十九岩，山环水绕，风景秀丽。

2. 气候特征

武夷岩茶产区属中亚热带季风湿润气候，全年气候温和，夏无酷暑，冬无严寒，雨量充沛，年平均气温为 18.3 ℃左右，年平均降水量为 2 000 mm 左右。茶区内溪流不断，云雾弥漫，为茶树的生长提供了适度的光照和良好的水热条件。

3. 土壤特征

武夷山的土壤条件介于烂石和砾壤之间，具有种植茶树得天独厚的自然条件，土层深厚，质地疏松，结构良好，富含有机质。其中，正岩产区的土壤主要为成土母岩分化的砾岩，含砾量高，质地以轻壤为主，土层较厚，土质疏松，孔隙度为 50% 左右，土壤的通风透气性适中，微量元素含量高，所产的茶具有明显的岩韵。半岩产区的土壤成土母岩风化程度类似正岩产区，夹有半分化母岩及石砾。洲地茶园土壤多为三条溪流（崇阳溪、黄柏溪、九曲溪）两岸的冲击土。外山茶园土壤则多为红壤土和黄壤土。

二、武夷岩茶的茶树品种

武夷岩茶都是以茶树品种命名的。武夷山素有茶树品种王国之称，除了世代流传的有性群体种外，福建省各地种植的茶树品种在武夷山也都有种植。武夷岩茶的茶树品种大体可分为以下三类。

1. 菜茶

武夷岩茶的茶树品种原是生长于山岩沟壑之间的实生苗茶树，是武夷山土生土长的茶树有性群体种。这些有性群体种经长期演变，繁育出许多优良单株。当地茶农称有八九百个品种，据茶叶志记载，有名字可查的有264个。武夷肉桂由于其品质超凡，自20世纪80年代开始大面积种植，现已成为武夷岩茶中的当家品种。

2. 品种茶

福建省各地种植的茶树品种如铁观音、本山、佛手、奇兰、水仙、八仙、毛蟹、乌龙等，武夷山都有引种种植。其中，水仙品种在光绪年间移植武夷山，在优异的自然环境下繁育种植，更显其高产优质的品种特征。现水仙品种已成为武夷岩茶中的另一当家品种。

3. 新品种茶

福建省农业科学院茶叶研究所种植培育的新品种如黄观音、黄玫瑰、丹桂、春兰、紫牡丹等，武夷山也有引种种植。

三、武夷岩茶的采制技术

1. 采摘

（1）采摘时间。武夷岩茶一般采三季，春季、夏季和秋季。春季采摘期一般为4

月中旬至 5 月中旬，特早芽品种开采期在 4 月上旬，特晚芽品种则在 5 月下旬开采，春茶季节过后每季采摘间隔时间为 45 天左右。春茶香高味厚，品质最优；秋茶香气高锐但味薄，品质次之；夏茶香低较苦涩，品质较差。当天最佳采摘时间在上午 9—11 时，下午 2—5 时次之。

（2）采摘标准。最佳采摘标准为开面三叶，即当新梢生长形成驻芽后采三叶。生产中掌握小开面采四叶，中开面采三叶，大开面采两叶、对夹叶或一芽四叶。不同品种茶树采摘标准也略有差异，如水仙以中大开面为佳，而肉桂则以中小开面为佳。

（3）采摘要求。掌心向上，以食指钩住鲜叶，用拇指指头之力将茶叶轻轻摘断。轻采轻放，避免芽叶受损。茶青要严格分类，不同品种、不同批次，以及不同产地（不同岩、山阴山阳）的均需分开放置，分别付制，不得混淆。

2. 加工工艺

（1）萎凋（也称晒青）。萎凋是形成岩茶香味的基础，目的在于蒸发水分，软化叶片，促进鲜叶内部发生理化变化。晴天采用日光萎凋，阴雨天采用加温萎凋。鲜叶原料不同，其萎凋标准也不同，如叶张肥厚较大品种的鲜叶萎凋宜重，偏嫩的鲜叶萎凋宜轻。萎凋适度的标准：叶色转暗绿，叶面光泽消失，微带清香，顶二叶下垂且稍有弹性，减重 10%～15%，失水均匀。

1）日光萎凋。晴天或多云天气（室外温度 22～35 ℃）时，多采用日光萎凋。将茶青均匀薄摊在水筛、竹席或晒青布上，每平方米摊叶 0.5～0.75 kg，厚度 2～3 cm，及时翻拌 2～3 次，总历时视茶青状况和光照强度而定，一般为 30～60 min。

2）加温萎凋。阴雨天气多使用萎凋槽或综合做青机加温萎凋，萎凋风温控制在 30～38 ℃，先高后低。萎凋槽萎凋一般每平方米摊叶 7～8 kg，约 30 min 翻动一次，历时 60～90 min。综合做青机吹风萎凋时，雨水青叶应先用冷风吹干或脱水机甩干，再吹热风萎凋。每隔 10～15 min 开动做青机转动几转以翻动萎凋叶，总历时：无水青叶为 1.5～2.5 h，雨水青叶为 3～4 h。

日光萎凋历时较短，萎凋较为均匀，萎凋叶质量较好。加温萎凋历时长，萎凋不太均匀，萎凋叶质量较差。

（2）摊青。摊青是晒青的补充工序。晒青适度后，将两筛青叶并作一筛，摇动数下，再晒片刻，即移入室内摊青架上，放在阴凉通风的地方，使叶子散发热气，并持续缓慢地散发水分，使鲜叶中各部分的水分重新分布均匀。晒青和摊青工序应视茶叶品种不同而异，有些品种要采取二晒二摊的技术措施，将一晒一摊的鲜叶并筛，并筛时结合翻拌进行二次筛摊，使梗叶水分平衡以达到摊青适度。

（3）做青。做青工艺是形成武夷岩茶品质风格的关键工序，根据茶树品种的不同和当时的气候、温度、湿度等灵活掌握，即要"看青做青、看天做青"。做青过程讲究动静结合、交替进行，既通过摇动发热促进青叶变化，又通过静置散热抑制青叶变化。

1）做青环境。做青间适宜温度为 20~30 ℃，24~26 ℃的为佳；适宜相对湿度为 50%~90%，70%~80% 的为佳。做青前期温度较高而湿度低，后期则需要相对较低的温度和较高的湿度。此外，做青过程中要注意适度通风，保持做青间空气清新，有利于做青叶的品质形成。

2）做青原则。采用"看青做青、看天做青"的原则。叶片较厚、较大的品种宜轻摇，延长静置时间，多静置少摇动，侧重静置发酵；叶片较薄、较小的品种应少静置多摇动，加大摇青的力度，到后期注意发酵程度的控制。青叶较嫩时，做青前期走水期需延长，总历时也应延长，注意轻摇、多吹风；青叶较老时，做青总历时缩短，前期走水期缩短，需重摇、重发酵、少吹风。萎凋程度较重的青叶宜轻摇青、重发酵，因做青时间短，注意防止香气过早出现和做青程度过重。萎凋程度较轻的青叶，宜重摇青、轻发酵，并延长做青时间，调整好温度、湿度，需高温低湿，否则易出现"返青"现象（即做青叶到后期出现涨水现象，叶片和茶梗含水状态均接近新鲜青叶状态，梗叶一折即断，没有花果香，均为做青失败的表现）。温度偏低时，应注意少吹风，提早保温发酵。湿度偏大时，有条件者可使用除湿机，并注意通风排湿，适度加温。

3）做青标准。做青过程中，青叶气味变化为青气→清香→花香→果香，叶态变化为叶软无光泽→叶渐挺、红边渐现→汤匙状、三红七绿。做青前期 2~3 h，操作上应注意以茶青走水为主，需薄摊、多吹风、轻摇、轻发酵；做青中期 3~4 h，操作上应注意以摇红为主，需适度发酵，摊叶逐步加厚，吹风逐步减少；做青后期 2~3 h，操作上应以发酵为主，注意红边适度、香型和叶态达到要求。

做青适度的标准：青叶呈三红七绿（水仙红边深暗、略呈焦红色），叶面背卷呈汤匙状，叶色黄绿具光泽，茶青梗皮表面呈失水皱褶状，香型为低沉厚重的花果香，手触青叶具松挺感，减重 15% 左右。

4）做青方法。做青有手工做青和综合做青机做青两种方式：手工做青适用于加工青叶量较少的武夷名丛类，综合做青机做青适用于大规模生产。不论何种做青方式，操作上均为摇青和静置多次交替进行，摇青时间短、次数多，静置时间相对长。一般摇青 5~8 次，总历时 8~10 h。摇青程度先轻后重，静置时间先短后长。手工做青和综合做青机做青程序具体如下。

①手工做青。将约 0.5 kg 萎凋叶薄摊于水筛上，摇青与静置交替 6~8 次，摇青从第三次开始辅以"做手"（双掌合拢轻拍茶青一二十下，使青叶互碰，弥补摇动时互撞力量的不足，促进破坏叶缘细胞），要求动作轻快，先轻后重，但要避免折断青叶造成死青。摇青时间从少到多逐次增加，具体视青叶进展情况而定，一般以摇出青臭味为基础，再参考其他因素进行调整。静置时间逐次加长，摊叶厚度也逐次加厚，可两筛并一筛、三筛并两筛或四筛并三筛等，直至青叶达到做青标准。

②综合做青机做青。装叶量控制在做青机容量的 2/3 左右，摇青、吹风、静置交替 5~6 次，每 30 min 吹风一次，吹风时间逐次缩短，摇动和静置时间逐次增加，历时 10 h 左右。其中，最后一次摇青与静置后需直接进行堆青，俗称"发篓"，堆厚 30~50 cm，历时 2~3 h，堆至香气明显、红边面积占 1/3 左右、手插入堆中有微热感为适度。

（4）杀青与揉捻。杀青的目的是利用高温破坏酶的活性，终止发酵，稳定做青已形成的品质，纯化香气。揉捻的目的是将杀青叶揉成条状并挤出茶汁附着于杀青叶表面，以增加茶汤滋味。杀青时要掌握适当温度，温度要先高后低。杀青以闷炒为主、扬闷结合，老叶嫩杀、嫩叶老杀，要做到投叶适量、快速短时。炒至叶态干软，叶张边缘白泡状，手揉紧后无汁水溢出且具黏手感，青气褪尽呈清香味，叶含水量 60% 左右即可。杀青适度的青叶要趁热揉捻，短时快揉、分次加压、先轻后重，以茶汁外溢、紧直成条者占 80% 以上为揉捻适度。杀青与揉捻有手工和机械两种方式。

1）手工杀青与揉捻。手工杀青与揉捻采用双炒双揉技术，即初炒、初揉、复炒、复揉。初炒锅温 230~260 ℃，每锅投青叶 0.75~1 kg，先闷炒以提高叶温，1 min 后改为扬炒 7~8 次以散发水汽，再转为翻炒（半透半闷）1~2 min 使失水不致过多，炒至叶子柔软黏手、青气消失、清香显露为适度。杀青叶出锅后置于揉捻盘中，趁热手揉 20 余下，抖散以免产生水闷气。接着再揉 20 余下，待茶汁溢出，叶子成条，即可解块复炒。复炒锅温 160~180 ℃，投叶量 0.5~1 kg，迅速翻炒 10~20 s，炒至叶子烫手，立即出锅趁热复揉 30~40 下，至条索紧结即可解块烘焙。双炒双揉技术是武夷岩茶制作中特有的工艺，也是非常重要的环节。复炒可以弥补第一次炒青的不足，通过再加热促进武夷岩茶色、香、味的形成和持久保持。复揉可以使茶汁的黏稠度增强，利于内含物的混合和一定程度的转化，从而使茶汤滋味更加醇厚，也使杀青叶的条索更加紧结美观。

2）机械杀青与揉捻。机械杀青与揉捻采用一炒一揉技术，主要使用 110 型滚筒杀青机。杀青温度 240~260 ℃，温度先高后低，投叶量 15 kg 左右，历时 5~8 min。杀青结束出青时需快速出尽，特别是尾青需快速出锅，否则易过火变焦，导致毛茶茶汤出现混浊和焦末。将杀青叶趁热放入揉捻机，装叶量为揉捻筒容量的 90% 左右，揉捻过程中先轻压后逐渐加重压，中途需减压 1~2 次，即掌握"轻、重、轻"的加压原则，以利于筒内青叶的自动翻拌和成形。揉捻历时 8~10 min。35 型、40 型等小型揉捻机的揉茶力度较重，应注意加压和揉捻的时间不可过长，以免造成片末偏多；而 50 型、55 型等大型揉捻机的揉茶力度较轻，特别是揉捻过老青叶时应掌握好加压力度和揉捻时间，以防出现条索过松、片末偏多的现象。

（5）烘焙。烘焙是武夷岩茶色、香、味特有品质风格形成的重要环节，有手工烘焙和烘干机烘焙两种方式。

1）手工烘焙。武夷岩茶手工烘焙工序包括毛火、摊凉拣剔、足火、炖火。

①毛火。毛火在密闭焙房进行，烘焙宜高温、薄摊、快速。焙房分设 90~120 ℃ 不同温度的焙窖 3~4 个，按温度从高到低顺序排列。将解块后的茶叶薄摊于烘笼中，每笼投叶量约 0.5 kg，每 3~4 min 翻拌一次，翻拌后将烘笼移至下一个温度较低的焙窖，历时 12~15 min，待手触烘青叶微感刺手时下烘，此时毛火叶含水量约 30%。毛火采用流水作业，烘焙温度高、速度快，俗称"走水焙"。

②摊凉拣剔。毛火叶下焙后立即扬簸，筛去茶末，扬弃黄片、碎片等轻质杂物。扬簸在焙房内进行，簸过的茶叶摊放在水筛上，每 6 焙拼 1 水筛，厚度 3~5 cm，然后移出焙房，夜间摊凉（俗称"凉索"）5~6 h，第二天清晨进行拣剔。夜间相对低温、高湿，水分蒸发较少，梗叶水分重新达到平衡，也促进内含物进行充分的非酶性氧化，使茶叶转色，有油润之感。拣剔一般在茶厂较亮处进行，拣去扬簸未筛干净的黄片、茶梗及无条索的叶子。

③足火。足火温度 80~85 ℃，每笼投叶量约 1 kg。烘焙 20 min 后需进行翻茶，烘焙 40 min 左右时再进行翻茶，然后继续烘焙至足干，水分含量为 6%~7%，用手捻茶即成末。足干后的茶叶再进行炖火。若未达到足干便进行炖火，叶色易变黑，并产生水闷味。

④炖火。炖火即低温慢烘，是武夷岩茶传统工艺中的重要工序。炖火的温度以 70~80 ℃ 为宜，为避免香气散失，烘笼还需加盖。一般炖火需要 7 h 左右，具体时间长短依据茶叶内质或消费市场要求的不同而定。在炖火过程中，应注意及时进行翻焙处理。茶叶经过低温慢烘，促进了茶叶内含物的转化，同时以火调香、以火调味，使香气、滋味进一步优化，达到熟化香气、增进汤色、提高耐泡程度的效果。炖火结束后需趁热装箱，后期的热化作用可使茶汤滋味更加醇厚，香气进一步熟化，武夷岩茶品质再次得到提高。

2）烘干机烘焙。烘干机烘焙分毛火和足火两步。毛火温度110~130 ℃，摊叶厚度2~3 cm，历时8~12 min，烘至茶叶微带刺手感即可下烘。摊凉1 h后足火，足火温度90~100 ℃，摊叶厚度2~3 cm，历时15~20 min，待茶叶含水量为6%~7%、外形色泽乌褐油润时即可下烘。梗叶粗大、叶质肥厚、含水量高的茶叶品种，烘焙温度可适当提高；节间短、叶质薄、含水量低的品种，烘焙温度可酌情降低，时间可适当缩短。

四、武夷岩茶的品质特征

武夷岩茶外形条索紧结、壮实、稍扭曲，色泽绿褐鲜润，叶面带有似蛙皮状的小白点，俗称"蛤蟆背"。武夷岩茶香气馥郁持久，具幽兰之香，锐者浓长，幽者清远；汤色清澈明亮，呈金黄色或深橙黄色；滋味醇厚，鲜滑回甘，喉韵清冽，齿颊留香，称其为"岩韵"；叶底软亮，叶缘朱红，绿叶红镶边特征明显。

根据《地理标志产品 武夷岩茶》（GB/T 18745—2006）规定，武夷岩茶产品分为大红袍、名丛、肉桂、水仙、奇种。

1. 大红袍

大红袍分为特级、一级和二级。特级品质特征为：外形条索紧结、壮实、稍扭曲；色泽带宝色或油润；香气锐、浓长，或幽、清远；滋味岩韵明显、醇厚、回味甘爽、杯底有余香；汤色清澈、艳丽，呈深橙黄色；叶底软亮匀齐，显红边或带朱砂色。

2. 名丛

名丛不分等级。品质特征为：外形条索紧结、壮实、匀整；色泽较带宝色或油润；香气较锐、浓长，或幽、清远；滋味岩韵明显、醇厚、回甘快、杯底有余香；叶底软亮匀齐，显红边或带朱砂色。

3. 肉桂

肉桂由肉桂茶树品种鲜叶加工而成，分为特级、一级和二级。特级品质特征为：外形条索肥壮、紧结、沉重、匀整；色泽油润砂绿，红点明显；茶香浓郁持久，似有乳香、桂皮香或蜜桃香；滋味醇厚鲜爽，岩韵明显；汤色金黄，清澈明亮；叶底肥厚、软亮、匀齐，红边明显。

4. 水仙

水仙属半乔木型，叶片比普通小叶种大一倍以上，因产地不同，虽同一品种制成的青茶，如武夷水仙、闽北水仙和闽南水仙，品质差异甚大，以武夷水仙品质最佳。水仙产品分为特级、一级、二级和三级。特级品质特征为：外形条索紧结、匀整，叶端折皱扭曲；色泽油润砂绿，部分起蛙皮状小白点；香气浓郁鲜锐，颇似兰花香；滋味浓爽鲜锐，岩韵明显；汤色金黄清澈；叶底厚嫩、软亮，红边鲜艳。

5. 奇种

以菜茶群体种或其他品种采制的称为奇种。奇种分为特级、一级、二级和三级。特级品质特征为：外形条索紧结、重实、匀整，叶端折皱、扭曲；色泽翠润砂绿，具"三节色"（茶条尾部呈砂绿色、中部呈乌色、头部淡红色）特征；香气清高；滋味清醇甘爽，浓而不涩，醇而不淡，岩韵明显；汤色清澈明亮，呈金黄色；叶底软亮、匀齐，红边鲜艳。

五、武夷岩茶的品鉴要点

1. 外形品鉴

（1）形状。优质的武夷岩茶质实量重，条索紧致、稍细，长短适中。由于水仙品种属大叶种，条索可略粗，力求匀净、整齐、美观。

（2）色泽。色泽以鲜明的绿褐色为佳，俗称"宝色"。条索表面有蛙皮状小白点的为佳，此特征表明茶叶揉捻适宜、焙火适度。

2. 内质品鉴

武夷岩茶香气以浓郁持久，无异杂味的为佳；滋味醇厚，入口过喉润滑有活性，饮后生津回甘，耐冲泡的为上品；汤色呈深橙黄色，清澈明亮，四泡之后汤色不变淡的为佳；叶底柔软明亮，易展开，叶缘红边明显的为佳。

清代梁章钜在其《归田琐记》中道出了武夷岩茶的四个不同层次，即香、清、甘、活。"香"指香幽而清、持久无异味，"清"指滋味醇厚、无苦涩、无杂味，"甘"指茶汤回甘快、舌底生津，"活"指茶汤润滑、爽口有快感。这也正是武夷岩茶所谓的"岩韵"。

第11节 正山小种

一、正山小种的产地特征

正山小种是世界红茶的鼻祖,创自清代,产于福建省武夷山市星村镇桐木村,位于武夷山国家级自然保护区内。正山小种品质优良,有独特的高香。

1. 地理位置

桐木村位于黄岗山主峰中下部,平均海拔1 000 m。该地植被、土壤、小气候等自然要素的垂直分化十分清楚。正山小种主产区的茶园均分布在海拔700~1 200 m的山体下部或峡谷地带。

2. 气候特征

桐木村地属典型的亚热带季风气候,气候温和,雨量充沛,一年四季温度变化幅度小,昼夜温差大,年平均气温13~14 ℃,年平均降水量2 000 mm左右。由于受东南季风的影响,降水量主要集中在3—10月,这也是茶树生长最旺盛的季节。全年无霜期235~272天,雾日长达120天,相对湿度平均为80%左右。茶树在这样湿润的条件下易形成含氮化合物,而不易形成纤维素,茶叶细胞的原生质能更好地保持亲水的幼嫩状态,因此茶叶持嫩性强、品质优异。

3. 土壤特征

茶区内土壤主要为红壤和黄红壤,pH值为4.5~5,土壤发育较好,土层厚度为30~90 cm,土壤肥沃,结构疏松,排水性好,含有机质丰富,十分有利于茶树生长。

二、正山小种的茶树品种

正山小种的茶树品种为武夷菜茶群体种，灌木型，中小叶类，晚生种，抗逆性较强，植株矮小，树姿半开展，分枝密。其叶小，叶色绿或深绿，叶形多为长椭圆形，叶片较厚，芽叶较短小，色绿或稍带紫红，茸毛较少。

三、正山小种的采制技术

1. 采摘

5月上旬开采春茶，6月下旬采制夏茶，一般不采秋茶。一般采半开面3~4叶，嫩梢比较成熟，糖类含量较高，多酚类化合物含量较少，有利于茶汤滋味的形成。

2. 加工工艺

（1）萎凋。萎凋有室内加温萎凋和日光萎凋两种方法。春茶期间，桐木村一带晴天少，多阴雨，以室内加温萎凋为主、日光萎凋为辅。

1）室内加温萎凋。室内加温萎凋俗称"焙青"，在焙青间进行。焙青间共有三层，二三层只架设木条横挡，不设楼板，横挡每隔3~4 cm一条，上铺竹席，竹席上摊放茶青。最底层用于熏焙复揉过的茶坯，通过底层烟道与室外的柴灶相连。在灶外烧松柴明火时，其热气进入底层，在焙干茶坯时，利用余热使二三层的茶青加温而萎凋。萎凋叶摊放厚度为10 cm左右，每10~20 min翻拌一次，使萎凋均匀。翻拌时动作要轻，以免碰伤叶片。此种萎凋方式的优点是：不受气候条件的影响，萎凋叶能直接吸收烟味，使毛茶烟量充足，滋味鲜爽活泼。

2）日光萎凋。晴天在室外可进行日光萎凋。在空地上铺竹席，将鲜叶均匀抖散在竹席上，摊叶厚度为3~4 cm，每隔10~20 min翻拌一次，至叶面萎软、失去光泽、梗折不断、青气减退、略有清香即为萎凋适度。日光萎凋时间长短依阳光强弱、鲜叶含水量而定，一般需1~2 h。在日光较强的条件下，30~40 min即可完成萎凋，阳光微弱时则需3 h以上。芽叶肥壮或老嫩不匀的鲜叶，萎凋程度难以一致，可采用室内加温萎凋和日光萎凋交替的方式进行萎凋。日光萎凋的主要缺点是：受气候条件影响比较大，鲜叶不能直接吸收松烟，以致毛茶吸烟量不足，滋味不够鲜爽。

（2）揉捻。早期用人工揉捻至茶条紧卷、茶汁溢出，现均改用揉捻机进行。揉捻采用 55 型揉捻机，每机投叶量 30 kg，揉捻时间一般为 60 min，嫩叶为 40 min，老叶为 90 min，中间需停机解块一次，揉捻至叶汁溢出、条索紧结圆直即可下机解块发酵。

（3）发酵。将揉捻叶装入大箩筐内并压紧，厚 30～40 cm。如装叶较厚，中间可掏一个孔，以便通气。上面覆盖湿布，以保持湿度，为发酵转色提供良好的条件。春天气温较低时，可将装揉捻叶的箩筐置于焙青间内，以提高叶温，促进转色。经过 5～6 h，有 80% 以上的茶坯叶色呈红褐色，青气消失带有清香味，即为发酵适度。

（4）过红锅。这是正山小种加工中的特有工序。过红锅的作用在于利用高温停滞酶的作用中止发酵，以保持一部分可溶性多酚类化合物不被氧化，使成品茶滋味鲜浓、茶汤红亮，同时散发青气和增进茶香。传统制法使用平锅，待锅温达 200 ℃时投入发酵叶 1.5～2 kg，双手迅速翻炒 2～3 min，使叶子受热、叶质柔软即可起锅复揉。此项炒制技术要求较高，时间过长则失水过多，复揉时茶叶易断碎，时间过短则达不到提香增味的目的。

（5）复揉。把过红锅的茶坯趁热揉捻 5～6 min，使茶索更为紧结，揉出更多茶汁以增加茶汤浓度。复揉后要下机解块并及时干燥，以免转色过度，影响品质。

（6）熏焙。将复揉后的茶坯抖散在竹筛上，每筛摊叶 2～2.5 kg，放进焙青间的底层吊架上，在室外灶膛烧松柴明火，让热气导入焙青间底层。茶坯在干燥的过程中不断吸附松香，使正山小种红茶带有独特的松香味。每批茶坯熏焙时间在 12 h 以上。

（7）复火。熏焙后的茶叶在出售前还需要进行复火。高级茶与低级茶分开复火。将茶叶置于焙笼上用松柴烘焙，以增进正山小种特殊的香味。

四、正山小种的品质特征

正山小种条索壮实紧结；色泽乌黑油润；香气高长带松烟香；滋味醇厚，回甘持久，似桂圆汤味；汤色红浓明亮；叶底软亮匀净。

五、正山小种的品鉴要点

1. 外形品鉴

（1）形状。正山小种条索紧结，身骨重实的为佳。

（2）色泽。正山小种色泽乌润一致的为佳。

2. 内质品鉴

正山小种的内质特征为香气高长,有纯正的松烟香味。其汤色红浓,滋味醇厚,甘滑爽口,不苦不涩,加牛奶调饮,茶香不减,汤色更为绚丽。如今市场上有的劣质正山小种是用松烟香精来调香的,干茶往往松烟香味过于刺激和明显,冲泡后滋味寡淡,涩味明显,汤中无香。

第 12 节 祁门红茶

一、祁门红茶的产地特征

祁门红茶简称"祁红",主产于安徽省祁门县及毗邻的石台县、东至县、黟县等地域,江西省的景德镇市也属祁门红茶产区。其中,祁门县产量最多,质量最好,故称祁红。

1. 地理位置

祁门红茶产区属于黄山山脉和九华山山脉西段山地,茶园大部分分布在海拔 100~350 m 的峡谷山地和丘陵地带。

2. 气候特征

祁门红茶产区属热带季风气候,温暖湿润,雨量充沛,四季分明。春夏季节云雾缭绕,并因山高林密形成许多小气候地域,自然环境优越,年平均气温 15.6 ℃,年平均无霜期 220~230 天。平均每年晴天 50 多天,阴天 170 天左右,雨雾天 150 天左右,年平均日照时数 1 861.6 h,年日照率 45% 左右。年平均降水量高达 1 600~1 800 mm,雨量分布以春夏最多,占全年雨量的 60%~70%,气温高于 10 ℃ 期间的降水量达 1 200~1 400 mm,与茶树生长需水量相吻合。春夏季节相对湿度都在 80% 左右。

3. 土壤特征

茶区内土壤主要由千枚岩、紫色页岩风化而来,有 7 大类,其中适宜种茶的红壤、黄壤、黄棕壤、石灰岩土占茶区总面积的 86.7%。茶区土质肥厚，结构良好，透气性、透水性和保水性均较佳，氧化铝、铁成分含量也较丰富，水分充足，土壤酸碱度适中，pH 值为 5~6。

二、祁门红茶的茶树品种

祁门红茶的茶树品种以群体种为主，有 8 个类型，即槠叶种、柳叶种、栗漆种、紫芽种、迟芽种、大柳叶种、大叶种和早芽种。其中，槠叶种所占比例最大，占群体种的 81.1%。此外，栗漆种占 4.4%，柳叶种占 3.9%，大柳叶种占 3.3%，其他种占 7.3%。

1. 槠叶种

槠叶种为有性繁殖系品种，灌木型，树姿半开展，分枝密度中等，平均树高 75~175 cm，属中叶类，叶片椭圆形，叶尖渐尖，芽叶黄绿色。一芽三叶平均长 5.29 cm，平均重 0.44 g。其茶多酚含量为 19.81%，水浸出物含量为 43.66%。用槠叶种制成的祁门红茶条索紧细苗秀，色泽乌润，滋味醇厚甜润，回味隽厚，具有果香或花香的独特香气，俗称"祁门香"。

2. 柳叶种

柳叶种为灌木型，树高 75~175 cm，分枝中等。叶片长 6~10 cm，宽 2.25~2.75 cm，为长椭圆形或披针形，叶尖急尖。一芽三叶平均长 5.74 cm，平均重 0.38 g。茶多酚含量为 18.01%，水浸出物含量为 42.35%。

三、祁门红茶的采制技术

1. 采摘

采摘标准为一芽二三叶，以及同等嫩度的对夹叶，要求分批勤采、按标准采。采后鲜叶按其嫩度、匀度、新鲜度等进行分级，分别储青待制。

2. 加工工艺

（1）萎凋。萎凋是祁门红茶初制的第一道工序，它是奠定祁门红茶条索细紧美观、香高味醇的基础。萎凋方法通常有日光萎凋、室内自然萎凋、萎凋槽萎凋三种，现在较广泛使用的是萎凋槽萎凋，萎凋的时候需要掌握以下几个要素。

1）温度。萎凋一般以 35 ℃ 为宜。春茶季节气温较低，可采用萎凋槽加温，但风温不要超过 35 ℃。夏秋季节气温高，不必加温，只需鼓自然风。雨水叶的萎凋要待表面水干后才能加温。

2）摊叶。一般摊叶厚度约 20 cm，每个萎凋槽放 200~250 kg，摊叶要均匀，嫩叶、雨水叶要薄摊，摊叶时要保持鲜叶的疏松状况。

3）翻拌。为了使萎凋均匀并缩短萎凋时间，在萎凋过程中要适当进行翻拌，一般每小时翻拌一次，雨水叶前期每半小时就要翻拌一次，翻拌时要求翻到底、抖得开、动作轻。

4）时间。萎凋时间可以根据鲜叶老嫩、含水量、温度、摊叶厚度、翻拌次数的不同灵活掌握。适度萎凋的标准是叶面软皱，叶质柔软，手握能成团，叶脉、叶柄大部分折而不断，含水量为 58%~64%。春茶宜重萎凋，夏秋茶宜轻萎凋。

（2）揉捻。祁门红茶紧结细长的外形、红艳的汤色、浓醇甘甜的滋味都与揉捻工艺密切相关。揉捻一般采用揉捻机分次揉捻，投叶量根据揉捻桶径大小和叶质情况确定，过多过少都会造成翻叶不匀，影响揉捻质量。大型揉捻机（桶径 920 mm）一般揉捻 90 min：嫩叶分三次揉，每次 30 min；中级叶分两次揉，每次 45 min。较老叶可延长揉捻时间，分三次揉，每次 45 min。中小型揉捻机一般揉 60~70 min，分两次揉，每次 30~35 min，粗老叶可适当延长揉捻时间。揉捻要掌握的原则是嫩叶少揉、老叶重揉，且要揉透、揉紧，使茶汁充分揉出而不流失。压力轻重是影响揉捻质量的主要因素之一。揉捻加压要遵循"轻、重、轻"的原则，即先空揉理条轻压，然后逐渐重压，最后轻压。每次加压 7~10 min，松压 2~3 min，交替进行，不能一压到底。每次揉捻结束后都要解块筛分，以解散团块，分出老嫩。揉捻程度主要看叶子情形，揉捻适度时条索紧卷，成条率在 80% 以上，细胞破损率达 80%~85%，茶汁外溢并黏附于叶表，用手紧握时茶汁溢而不滴。

（3）发酵。发酵是形成祁门红茶红汤红叶品质特征，加深茶汤浓度，提升香气，减少青涩味，使其滋味醇和可口的重要环节。发酵一般在专设的发酵室进行，发酵室要求空气流通，避免阳光直射，室温为 22~30 ℃，室内相对湿度在 90% 以上且越高越好。要求揉捻叶松散地铺在发酵柜内，厚度以 8~15 cm 为宜，嫩叶宜薄，老叶稍厚，发酵时间视叶子老嫩、揉捻程度、室温等因素而定。发酵程度适宜时，茶叶青气消失，散发出浓厚的熟苹果香，叶色大部分变红，春茶变成黄红色，夏秋茶变成红黄色，嫩叶色泽鲜艳均匀，粗老叶色泽较暗，常为红里泛青。叶温达高峰并开始稳定时，即为发酵适度。发酵不足或过度都会对成品茶品质造成较大影响。发酵不足会使茶叶

香气不纯，带有青气，色泽不红，汤色泛青，叶底"花青"，滋味青涩。发酵过度会使茶叶香气低闷，色泽深红带褐，汤暗而浊，叶底深暗不亮，多"乌条"，滋味平淡。在生产中，发酵程度要注意"宁轻勿重"，因为发酵适度叶上烘后，在叶温升高过程中还会有酶促氧化和湿热作用下的非酶促氧化，易导致发酵过度从而降低品质。

（4）干燥。干燥是决定祁门红茶品质的重要环节，有烘笼烘焙和烘干机烘焙两种方式。烘笼烘焙茶叶品质高，特别是香气好，但生产成本高、劳动强度大，已不适应大规模生产。现多用烘干机烘焙，分毛火和足火两道工序。

1）毛火。毛火时，烘干机进风温度为 110～120 ℃，时间为 10～15 min，摊叶厚度为 1～2 cm。毛火的目的是利用较高的温度破坏酶的活性，同时排出大量水分。毛火叶达七八成干、叶条基本干硬、嫩茎稍软即可下烘。毛火后需摊凉 40～60 min，使叶脉和叶柄的水分重新分布，以利于第二次烘干。

2）足火。足火的目的是使茶叶充分烘干，达到毛茶规定的含水量，同时进一步焙发香气。足火温度控制在 85～95 ℃，时间以 15～20 min 为宜，摊叶厚度为 3～4 cm。烘干后茶叶含水量以 6% 以下为适度，此时梗折即断，手捻茶条即成粉末。足火后需摊凉半小时左右才能装袋。

祁门红茶一般还需要经过精制工序，即筛制、拣剔、拼配、匀堆、补火后才能包装成箱，成为成品茶。

四、祁门红茶的品质特征

祁门红茶条索细秀而稍弯曲，有锋苗；色泽乌润略带灰光；香气类似蜜糖香，持久不散；汤色红亮；滋味鲜醇带甜；叶底红艳柔软匀亮。

五、祁门红茶的品鉴要点

1. 外形品鉴

（1）形状。优质的祁门红茶条索紧秀而稍弯曲，有锋苗。

（2）色泽。祁门红茶色泽乌润略带灰光的为上品。

2. 内质品鉴

祁门红茶的内质特征为香气浓郁高长，似蜜糖香，又蕴藏兰花香，持久不散，俗称"祁门香";汤色红亮;滋味鲜醇带甜;叶底嫩软红亮。祁门红茶如加工不当容易造成成品茶带有烟味或发酵过度的熟味,以及因发酵不足而色泽偏黑等。近年来,市场上出现加了白糖的祁门红茶,此类茶叶往往色泽黑亮,香气带甜香或焦火香,入口即甜,往往缺乏鲜度,汤薄,不具传统祁门红茶的特色。

第 13 节　普洱茶

一、普洱茶的产地特征

普洱茶是云南省的传统历史名茶,其生产工艺及品质特征具有鲜明的地域性。普洱茶分为生茶和熟茶两大类型。普洱生茶是以普洱茶产地环境条件生长的云南大叶种茶树鲜叶为原料,经杀青、揉捻、日光干燥、蒸压成形等工艺制成的紧压茶。普洱熟茶是以普洱茶产地环境条件生长的云南大叶种晒青茶为原料,采用特定工艺经后渥堆发酵加工而成的散茶和紧压茶。

1. 地理位置

云南省地处中国西南边陲,属山地高原地形,地势西北高、东南低,自北向南呈阶梯状逐级下降。普洱茶产区主要位于澜沧江两岸的山区丘陵地带,海拔为 1 200～2 000 m。

2. 气候特征

普洱茶产区属热带亚热带高原型气候,日照充足,年平均气温为 17～22 ℃,年平均降水量为 1 200～2 000 mm,年平均相对湿度为 75%～80%。每年的 6—10 月、11 月为雨季,湿度大;每年的 10 月、11 月至次年 5 月为旱季,气候干冷。茶区短距离内地形高低悬殊,气候垂直变化显著,干湿季节分明。

3. 土壤特征

茶区内土壤以砖红壤、赤红壤、红壤、黄壤为主,土层深厚,土质疏松肥沃,有机质含量高，pH 值为 4~6，适宜大叶种茶树的生长发育。

二、普洱茶的茶树品种

普洱茶的茶树品种以云南大叶种茶树为主，但倚邦地区的曼松贡茶却是小叶种的，景迈、帕沙、那卡等地的茶树属于中叶种。这些品种的茶树所产茶叶香气较高，略涩，生津好，但都是乔木型或者小乔木型。

1. 勐库大叶种

勐库大叶种为有性繁殖系品种，乔木型，大叶类，早生种，原产云南双江勐库镇，主要分布在滇南、滇西南茶区，广东、广西、海南等地有较大面积的引种。该品种植株高大，自然生长树高 4~9 m，树幅 3~6 m，树姿开展或半开展，主干明显，分枝较稀，叶片稍上斜状着生。该品种叶特大，叶形椭圆、长椭圆或卵圆，叶色绿或深绿，有光泽，叶面强隆起，叶质较厚软，部分显革质，叶缘平或呈微波状。该品种芽叶黄绿色，肥壮，茸毛特多，持嫩性强。该品种产量高，抗寒性弱。春茶一芽二叶含氨基酸 1.7%，茶多酚 33.8%，咖啡因 4.1%，儿茶素总量 18.2%。该品种适制普洱茶、红茶及滇绿。

2. 勐海大叶种

勐海大叶种为有性繁殖系品种，乔木型，大叶类，早生种，原产云南勐海县，主要分布在滇南等茶区，广东、广西、海南等地有引种。该品种植株高大，自然生长树高 2.3~7.5 m，树幅 1.8~5.2 m，树姿直立或开展，分枝较细。该品种叶特大，叶形椭圆或长椭圆，叶色绿，富光泽，叶面隆起，叶质较厚软。该品种芽叶黄绿色，茸毛多，持嫩性强。该品种产量较高，抗寒性弱。春茶一芽二叶含氨基酸 2.3%，茶多酚 32.8%，咖啡因 4.1%，儿茶素总量 18.2%。该品种适制红茶，品质优，也适制普洱茶及滇绿。

三、普洱茶的采制技术

1. 采摘

每年 2 月下旬至 11 月都是普洱茶的采摘时期，分春茶、夏茶和秋茶。鲜叶的最佳采摘时间为日出半小时以后，这样就可以避免鲜叶含水量过高不利萎凋和杀青的问题。

一般在上午 10—12 时完成鲜叶采摘。采摘标准为一芽一叶到一芽四叶，以及同等嫩度的对夹叶。鲜叶要求芽叶完整、新鲜、匀净，无其他植物和杂物，防止污染。

2. 加工工艺

（1）晒青毛茶的加工工艺

1）摊青。鲜叶按级验收后分级摊青，待含水量降至 70% 左右即可杀青。

2）杀青。传统采用锅炒杀青，锅温 200 ℃左右，锅径 80 cm，投叶量 2~3 kg。目前大多数茶区已改用滚筒杀青机或槽式杀青机杀青，极大地提高了效率。由于鲜叶原料均为大叶种，芽叶肥大，含水量高，杀青过程中要注意抖闷结合，杀匀杀透，做到杀青叶无青气和烟焦气。

3）揉捻。杀青叶要及时揉捻成条。一般分初揉和复揉，较老的茶青需热揉。揉捻主要使用中小型揉捻机，投叶量以装满揉筒为度，机揉一般 20~30 min。揉捻也有用手揉的，手揉一般 5 min。因为云南大叶种叶肉薄、含水量高，所以要注意揉捻时加压不宜过重。

4）干燥。干燥采用日光晒干。揉捻后的茶坯需解块后再置于日光下晒干，日晒时间较长，受气候条件影响也较大，但晒干成本低。晒干时，要注意摊放场地的清洁卫生，茶坯不能直接接触地面，不能混入其他非茶类杂物。晒青毛茶的含水量要求≤10%。根据鲜叶原料的老嫩程度，将晒青毛茶分为 11 级。

（2）普洱茶加工工艺。普洱茶除了普洱散茶（熟茶）外，其余均为各种形状的紧压茶。紧压茶分两类，一类是直接用晒青毛茶经汽蒸后压制的各种紧压茶（生茶）；另一类是将晒青毛茶经过渥堆发酵（微生物固态发酵）制成普洱散茶后，再经蒸压成形制成的各类紧压茶（熟茶）。

1）普洱散茶（熟茶）加工工艺

①毛茶精制拼配。毛茶进厂后，需按级归堆、单级付制、多级收回。毛茶经筛分取料、剔除杂质、除去碎片碎末后，用孔径 10~14 mm 筛捞头、8 孔筛割脚，清除杂质后拼入正茶。

②潮水。渥堆发酵前的晒青毛茶含水量一般为 9%~12%，必须增加茶叶的含水量才能正常渥堆发酵。渥堆发酵前先对晒青毛茶进行人工喷水，以增加含水量利于发酵，这一步骤称"潮水"。一般每 100 kg 毛茶需要喷水 25~40 kg，具体喷水量随毛茶情况和气候状况而定。所谓看茶做茶，一般嫩叶喷水要少一些，粗老叶喷水要多一些；干季应增加喷水量，雨季则要减少喷水量。喷水时力求使水呈雾状，以使茶叶均匀湿润。水质的好坏对发酵茶品质影响很大，一般选用清洁的山泉水或井水，不能使用自来水。

勐海地区的茶厂一般都抽取地下水来发酵。由于勐海地区自然条件的优越性，形成了勐海熟茶的品质优势。从口感上来说，勐海地区的井水清澈甘甜，呈酸性，因此在渥堆发酵时，大多数茶区都参考勐海地区水的酸碱性来选用发酵用水。

③砌堆。通常将晒青毛茶堆成 50~100 cm 高的长方形棱台，具体高度与茶叶等级有关，越是粗老的茶叶，堆高也就越高。从外形上看，茶堆上面是平坦的，边缘呈梯形。茶堆有 100 kg 以上的小堆，也有 10~20 t 的大堆，根据各厂的技术标准和需要掌握。茶堆要盖上湿润的粗白布以保湿保温。

④翻堆。发酵过程中，必须掌握好渥堆发酵的温度变化，适时翻堆。发酵室内要求安装温、湿度计，茶堆四周要插温度计，由专人负责记录温、湿度的变化。开始渥堆发酵后的第二天需进行翻堆，俗称"翻水"。翻堆后再收拢茶堆，继续渥堆发酵，以便水分分布均匀。若第一天加水不足，第二天翻堆时还需先补水，再拌匀成堆。一般来说，每 7 天翻堆一次，完成发酵需翻堆 5~7 次。每次翻堆过程中还需要解散结团的茶条，以增加茶堆的透气性。翻堆可以散发热量，降低茶叶含水量，使发酵均匀。每次翻堆后，重新堆茶高度要逐步降低。翻堆次数应根据茶叶的嫩度、发酵堆温、空气湿度、发酵程度等因素灵活调整。渥堆时茶堆中的最佳温度为 50~55 ℃（距茶堆表面 50 cm 处的温度），温度低于 45 ℃达不到理想的发酵效果，高于 65 ℃则会出现茶叶"烧心"，造成叶底展不开、滋味淡薄、汤色发暗等问题，严重的还会引起"烧堆"，致使茶堆碳化而报废。

⑤开沟。翻堆后，堆高持续下降，最后通常不超过 40 cm。当发酵到 35 天左右、茶堆温度降至 35 ℃左右时，就可开沟，让茶叶冷却并干燥。每隔 3~5 天开一次沟，交叉开沟，如此循环往复直至茶叶含水量低于 12%。这也是普洱茶独特的通风干燥方法。普洱茶的干燥切忌烘干、炒干和晒干，以免影响普洱茶的品质。

⑥精制、包装。发酵后的普洱茶应进行筛分整形、割脚等处理，拣净茶果、茶梗和其他夹杂物，根据茶叶各花式等级的不同要求，将不同级别、不同筛号、品质相近的茶叶按比例进行拼配后包装，以达到取长补短、调剂品质、保证产品质量稳定等要求。

2）普洱紧压茶加工工艺。普洱茶中的紧压茶分为普洱生茶和普洱熟茶两大类。前者以晒青毛茶为原料压制而成，后者以普洱散茶为原料压制而成。其产品形态有紧茶、圆茶（七子饼茶）、砖茶、沱茶等。各类普洱紧压茶加工，因各厂家的加工设备、产品质量标准等不同而稍有区别，其原料的拼配比例、加工技术参数会略有差异，但基本工艺相似，一般包括毛茶拼配、筛分切细、半成品拼配、蒸茶压制、烘房干燥、检验包装和储存等工序。

①毛茶拼配。毛茶进厂后要对照收购标准样进行复评验收，按等级拼堆入仓，同时检测含水量，如晒青毛茶 1~8 级的含水量达到 9%~12% 时即可入仓。毛茶拼配应

根据成品茶规格的要求,保证内质,上、下级进行适当调剂搭配。规定的毛茶拼配比例不得轻易变动,以免影响成品茶品质。

②筛分切细。紧压茶的筛分较简单,但必须分出盖面茶(洒面茶)、底茶(里茶),剔除杂物。筛分实行联机作业,各级、各堆的毛茶按比例拼配,混合筛分。先抖、后圆、再抖,分出筛号茶,经分选、拣剔后,分别拼成洒面茶和里茶。切细即切茶,又称细碎。9级以下比较粗老的毛茶叶片粗大。毛茶拼和后需投入切茶机切细,经平圆机4孔筛分、筛面复切、筛底付拣后做里茶。

③半成品拼配。经过筛分切细后的半成品筛号茶,分别根据各种蒸压茶加工标准样进行审评,确定各筛号茶拼入洒面茶及里茶的比例。按比例拼入洒面茶和里茶的各筛号茶,经拼堆机充分混合后喷水软化。

④蒸茶压制。此过程分为称茶、蒸茶、压模、脱模等工序。

◆ 称茶。经拼堆喷水的付制茶坯含水量一般为15%~18%,而各种蒸压茶成品计量水分为10%,保质含水量为9%~12%,为了保证成品出厂时单位质量符合规定标准,在付制前要根据付制压茶水分含量、成品标准干度,结合加工损耗度,计算确定称茶的质量。为保证品质规格,称量要准确,正差不能超过1%,负差不能超过0.5%。一般先称里茶,再称洒面茶,按先后倒入铝合金蒸模,投入小标签一张,再转入蒸茶工序。

◆ 蒸茶。锅炉蒸汽通过管道输入蒸压作业机,使高温水蒸气迅速促进茶坯变色及便于成形。蒸压时间一般为5~10 s,蒸压后水分增加3%~4%。

◆ 压模。有手工压制(石磨压制)和机械压制两种。下关茶厂各种紧压茶多采用机械压制,使茶块厚薄均匀,松紧适度。

◆ 脱模。压制过的茶块在模内冷却定型后脱模,冷却时间视定型情况而定。机械压制定型较好,施压后放置即可脱模;手工压制则需冷却半小时方可脱模。

⑤烘房干燥。传统制法是把成品放置在晾干架上,让其自然失水干燥到成品标准含水量,时间一般长达5~8天,甚至10余天。目前已改用烘房干燥,锅炉蒸汽由管道通向干燥室,室内设架,下面排列加温管道。烘房温度一般控制在45~55 ℃,不宜超过60 ℃。不同产品烘干时间不同,需要13~36 h,待普洱生茶紧压茶含水量降至13%及以下、普洱熟茶紧压茶含水量降至12.5%及以下时,即可出烘。烘房干燥过程中要注意排湿,若室内湿度超过室外空气相对湿度,应每隔2~3 h打开排气扇排湿一次。

⑥检验包装和储存。经过干燥的成品紧压茶必须进行抽样,检验水分、质量、灰分、含梗等指标,并对样品进行感官审评。合格产品应及时包装。普洱生茶需要缓慢后发酵,要求在环境清洁、干燥、无异杂味的专用仓库长期保存,忌高温高湿。

四、普洱茶的品质特征

1. 普洱散茶的品质特征

普洱散茶外形条索肥壮、重实，呈猪肝色；内质汤色红浓明亮，香气有独特的陈香，滋味醇厚回甘，叶底厚实、呈褐红色。

2. 普洱生茶紧压茶的品质特征

普洱生茶紧压茶有圆茶（七子饼茶）、沱茶、砖茶之分。以圆茶为例，其品质特征如下：圆饼状，直径 20 cm，边缘厚 1.3 cm，中心厚 2.5 cm，净重 357 g；外形圆整，洒面茶均匀有毫，色泽银绿尚润；内质香气纯正，汤色黄绿，滋味浓醇，叶底黄绿尚嫩匀。普洱生茶紧压茶随储存时间的增加，其品质特征会发生自然的陈化，其色泽、香气、滋味均会有所改变，这也是普洱生茶紧压茶的魅力所在。

3. 普洱熟茶紧压茶的品质特征

普洱熟茶紧压茶有紧茶、圆茶（七子饼茶）、沱茶之分。以圆茶为例，其品质特征如下：圆饼状，直径 20 cm，边缘厚 1.3 cm，中心厚 2.5 cm，净重 357 g；外形圆整，洒面茶均匀有毫，色泽棕褐尚润；内质香气有特殊的陈香味，汤色橙红，滋味醇厚，叶底红褐尚嫩匀。普洱熟茶紧压茶随储存时间的增加，其品质特征也会发生变化，但变化幅度不及普洱生茶紧压茶。

五、普洱茶的品鉴要点

1. 外形品鉴

普洱散茶主要看干茶条索的紧结度、匀整度、净度及显毫度，以及干茶色泽的光润程度。条索紧结、重实、毫显、色泽润泽、均匀一致的为佳。

普洱紧压茶以圆茶（七子饼茶）为例，主要根据茶饼的棱角、松紧度、厚薄，以及茶饼表面的含梗量进行品鉴。饼形圆整，饼窝自然，边缘整齐，不缺边少角，厚薄一致，松紧适度，条索清晰，显毫，润泽光洁，无霉点、霉花的为佳。

2. 内质品鉴

普洱茶香气以纯正悠远，无异、杂、烟、霉、酸、馊味，香入茶汤，饱满带挂杯香的为佳，忌单薄、浮香。不论生茶或熟茶，汤色以清亮的为佳，忌汤色混浊、发暗。滋味以茶气足，厚实，丰富有层次感，柔顺滑爽，回甘生津明显的为佳，忌苦涩不化、粗、滞、返酸、返青、汤薄水味重、锁喉等。叶底以柔软，肥壮，有弹性，色泽匀整一致的为佳，忌色泽花杂不匀、发暗、腐化如泥。

第 14 节　六堡茶

一、六堡茶的产地特征

六堡茶为历史名茶，属黑茶类。因最早产于广西苍梧县六堡镇一带而得名，现产地已延伸至梧州市行政辖区范围。

1. 地理位置

梧州市属桂东大桂山脉延伸地带，境内峰峦耸立，溪流纵横，终年云雾缭绕。浔江和桂江两江交汇后称西江，由西向东贯穿市区，浔江、桂江、西江交汇于梧州市，俗称"三江水口"。全境东西距 115 km，南北长 196 km，总面积 12 588 km²。地形特点是四周高、中间低，地势由南北向中部西江倾斜，以海拔 300 m 以下的丘陵、台地为主。

2. 气候特征

梧州市属亚热带湿润季风气候，具有太阳辐射强、日照充足、气候温暖、雨量充沛、夏长冬短、无霜期长的特点。多年平均气温为 21.2 ℃。7 月最热，月平均气温为 28.2 ℃；1 月最冷，月平均气温为 12.2 ℃。年平均降水量为 1 453 mm，春夏之交降水量较多，秋冬季降水量较少。年平均日照时数约 1 725 h，年均相对湿度为 79%。

3. 土壤特征

土壤类型主要有赤红壤、紫色土、冲积土等，土壤多呈酸性，pH 值为 5.5～6.5。

二、六堡茶的茶树品种

适制六堡茶的茶树品种要求内含物丰富，茶多酚、氨基酸、水浸出物等的含量较高。适制六堡茶的茶树品种主要有六堡茶群体种、龙脊大叶种、桂青种等。

1. 六堡茶群体种

六堡茶群体种为有性繁殖系品种，灌木型，中叶类，早生种，原产于广西苍梧六堡，主要分布在广西苍梧，临近的蒙山、昭平、岑溪等地也有种植。该品种芽叶呈淡绿色，少量为紫色，茸毛少，持嫩性较强，抗寒性、抗旱性较强。春茶一芽二叶含氨基酸 3.0%，茶多酚 32.4%，咖啡因 4.4%，儿茶素总量 14.4%。以该品种制得的六堡茶汤色红亮，滋味醇爽，香气纯正。

2. 龙脊大叶种

龙脊大叶种为有性繁殖系品种，小乔木型，大叶类，早生种，原产于广西龙胜龙脊等地，主要分布在广西龙胜、兴安、灵川、临桂等地。该品种叶质厚硬，芽叶呈黄绿色，少数为紫绿色，少茸毛。以该品种制得的六堡茶滋味浓醇，耐存储。

3. 桂青种

桂青种为有性繁殖系品种，灌木型，中叶类，晚生种，原产于广西贺州桂岭一带，梧州和钦州也有较大面积种植。该品种叶质较软，芽叶呈绿色，茸毛中等。春茶一芽二叶含氨基酸 3.8%，茶多酚 29.0%，咖啡因 4.3%，儿茶素总量 15.8%。以该品种制得的六堡茶滋味醇爽。

三、六堡茶的采制技术

1. 采摘

每年 3—11 月是六堡茶的采摘时期。采摘标准为一芽二三叶到一芽四五叶，以及同等嫩度的对夹叶。六堡茶区目前采用手工采摘和机械采摘两种方式。

（1）手工采摘。手工采摘要求提手采，即采摘时掌心向上或向下，用拇指、食指配合中指夹住新梢要采的节间部位向上提采。采摘时要保持芽叶完整、新鲜、匀净，不夹带鳞片、鱼叶、茶果及老枝叶，不宜捋采和抓采。

（2）机械采摘。发芽整齐，生长势强，采摘面平整，树冠高度控制在70~80 cm、幅度达到85 cm以上的茶园宜采用机械采摘的方式，以提高生产效率和经济效益。机械采摘主要有单人采茶机和双人采茶机作业两种方式。

单人采茶机作业时，机手负责手提采茶机，另一人负责提拿集叶袋，两人需配合协调，集叶袋跟随采茶机前进或后退。

双人采茶机作业时，由两人充当主副机手抬采茶机作业，另两人随其协劲拖曳集叶袋和更换装满的集叶袋，还有一人抓住集叶袋的尾部，保持集叶袋在茶篷面上。来回一次即可完成一行茶树的采摘。主副机手必须配合协调，步调一致，保持机器平稳，避免忽高忽低、忽快忽慢。采茶机行进时，前部剪刀要保持微向上的趋势，避免采茶机前部剪刀剪到茶树硬枝和太多老叶。

2. 加工工艺

（1）六堡茶的初制加工工艺。鲜叶按标准采摘后，需保持新鲜，当天采摘当天付制。鲜叶加工过程分杀青、初揉、堆闷、复揉、干燥5个工序。

1）杀青。采用低温杀青，锅温要比绿茶杀青低，以保留一部分残余酶的活性，为堆闷发酵转色提供条件。手工杀青采用60 cm的铁锅，锅温160 ℃，每锅投叶量5 kg左右，投叶后先闷炒后抖炒，抖闷结合。动作先慢后快，做到老叶多闷少抖，嫩叶多抖少闷。炒至叶质柔软、叶色变为暗绿色、茶梗折而不断、发出清香即为适度，全程5~6 min。若鲜叶过老或者夏季高温酷暑时采摘的鲜叶，为防止杀青时焦边，可先喷洒少量清水拌匀后再杀青。目前一般工业化生产多采用机械杀青。

2）初揉。六堡茶的初揉以整形为主，既要达到条索紧结的目的又要使其耐泡，因此细胞破损率不宜太高，以60%左右为宜。嫩叶初揉前需进行短时摊凉，粗老叶则需趁热揉捻，以利成条。揉捻时不宜重压过久，一般遵循"轻、重、轻"的原则。揉捻机的转速以45 r/min左右为宜，投叶量以加压后占揉桶容积2/3为宜。一二级茶全程揉捻时间40 min左右，三级以下茶全程揉捻时间45~50 min。

3）堆闷。堆闷通过湿热作用破坏叶绿素，促进内含物的转化，使茶的叶色转变，苦涩味减轻，汤色加深，滋味变醇，形成六堡茶独特的品质。初揉叶经解块后立即进行堆闷。堆积厚度视气温高低、湿度大小、叶质老嫩而定，遵循"气温高薄堆，气温低厚堆；嫩叶薄堆，老叶厚堆并稍加压紧"的原则。一般堆高为 33~55 cm，堆温控制在 50 ℃左右。温度太低，质变缓慢。温度过高（超过 60 ℃），则易烧堆，导致叶底变黑、滋味淡薄。温度过高时要立即翻堆散热，以防烧堆。在堆闷过程中，需翻堆 1~2 次，将茶堆边上的茶坯翻入中心，使质变均匀。堆闷时间视天气状况和叶质老嫩而定，一般为 10~15 h。茶坯叶色由黄绿变为深黄带褐色，出现黏汁，发出特有的纯香，即为堆闷适度。若是嫩叶，在初揉后需低温烘至五六成干再进行堆闷，否则因水分含量高，质变较快，容易渥坏或产生酸馊味。

4）复揉。经堆闷后的茶坯水分部分散失，原先揉好的条索回松，同时堆内、堆外茶坯干湿不匀，需要通过复揉使茶叶干湿一致，条索紧卷，以利干燥。复揉前，需用 50~60 ℃的低温烘焙 7~10 min 使茶坯受热回软，以利成条。复揉遵循"轻压、慢揉"的原则，时间为 5~6 min，达到条索紧细为止。

5）干燥。在七星灶上采用松柴明火烘焙。烘焙分毛火和足火两次进行。毛火烘温 80~90 ℃，摊叶厚度 3~4 cm，勤翻快烘，每隔 5~6 min 翻一次，使茶坯受热均匀、干燥度一致。烘至六七成干时下焙，先摊凉 20~30 min，再足火干燥。足火采用低温、厚堆、慢烘，烘温 50~60 ℃，摊叶厚度 35~45 cm，历时 2~3 h，烘至茶梗一折即断、叶片一捏就碎、含水量 10% 以下即可下焙摊凉。六堡茶干燥忌以晒代烘，烘焙时忌使用有异味的樟木、油松等干柴或湿柴，以免影响品质。工业化生产采用烘干机干燥，无松烟香气。

（2）六堡茶的精制加工工艺。六堡茶成品分为特级、1~6 级共 7 个级别。六堡茶要求条索粗壮成条，因此在精制加工中力求避免条索断碎。精制加工分为筛分拣剔、拼配、初蒸渥堆、复蒸包装、晾置陈化 5 个工序。

1）筛分拣剔。毛茶经过抖筛机、圆筛机和风选机筛制后，分别成为粗细、长短和轻重不同的各路筛号茶。拣剔不符合品质、规格要求的梗片，使其成为待拼配的筛号茶。

2）拼配。根据各路筛号茶的品质进行升降拼和，按比例配成各级半成品茶，做到规格一致。

3）初蒸渥堆。初蒸渥堆是促进茶叶内含物转化，使茶叶色泽红褐、汤色红浓、滋味醇和的关键工序。将拼配好的半成品茶根据干度情况加水后，送入蒸茶机内，通过锅炉蒸汽进行汽蒸，历时 1~3 min，时间根据原料的老嫩程度而定。高级茶蒸茶时间稍短，低级茶则略长。茶叶变得柔软湿润，能手捏成团、松手不散为适度。出蒸后略加摊凉，叶温下降到 80 ℃左右时进行渥堆。渥堆叶温控制在 40 ℃左右，不宜超过 50 ℃，相对湿度为 85%~90%，茶叶含水量控制在 18%~20%。渥堆时密闭门窗，中间翻堆一次，待茶叶色泽转为红褐色、发出纯香、叶底黄褐、汤色转红即为适度。渥堆时间与渥堆时的叶温和茶叶含水量都有关系。当渥堆叶温在 45~55 ℃、茶坯含水量在 20% 左右时，茶叶质变很快，历时 2~3 天汤色就显著变红，具有甜味，但滋味淡薄；当渥堆叶温在 20 ℃、茶坯含水量在 18% 左右时，茶叶转化缓慢，历时 20~30 天汤色才能变红，但滋味浓厚、醇陈。可见，低温渥堆和高温渥堆各有利弊。在生产实践中，低温渥堆掌握不当会出现茶叶发白现象，而高温渥堆不当则会产生烧心的现象。

4）复蒸包装。六堡茶是篓装紧压茶，成品质量一般为 30~50 kg。包装时，将初蒸渥堆后的半成品茶叶复蒸 1 min 左右，机内温度为 100 ℃，蒸汽要透顶，蒸后需摊凉、散热，待叶温降至 80 ℃以下再装入茶篓。装篓时用机器压实，边紧中松，每篓分三层装压，加盖缝合即为成品茶。

5）晾置陈化。加工后的成品茶温度较高、水分较多，因此要先放置在阴凉通风处降低温度、散发水分。一般历时 6~7 天，篓内温度可降至与环境温度一样，此时可入仓堆放。成品茶在最初入库时，要确保门窗紧闭，保持室内相对湿度在 80% 左右。密闭 2 个月后，待汤色转化至理想状态时打开门窗使空气流通，降低茶叶含水量，确保品质稳定。六堡茶的陈化一般有洞穴陈化和木板干仓陈化两种方式，经过半年左右的陈化或者更长的储存期，汤色变得更加红浓，且产生陈味，从而形成六堡茶红、浓、陈、醇的品质特征，如茶面有金花则品质更佳。金花是六堡茶陈化过程中产生的一种金黄色孢子，很像茯砖茶的金花。不同于茯砖茶的是，六堡茶不用刻意发花，只要存放在适当的温度、湿度环境下即可自然产生金花，一般冬春季节较易出现金花。

在六堡茶的大规模生产中，通常以冷发酵工艺来替代汽蒸渥堆。冷发酵工艺是将分级拼配好的半成品茶根据发酵场地的大小分倒成堆，一般 5~10 t 为一堆，分层加干净的冷水翻拌均匀。根据茶叶级别的不同和含水量的不同来控制加水量，一般加水后茶坯含水量不超过 30%，堆高为 80~100 cm。当堆温达到 40~60 ℃时要及时翻堆散热，一般不能超过 60 ℃，以免烧心。整个冷发酵时间为 30~60 天，根据茶叶质量或后加工工序的需要而定。发酵到位后，装包移至阴凉处晾置陈化。根据陈化后茶叶变化的程度上蒸茶机蒸压装竹篓继续陈化或者加工成饼、沱、砖等紧压茶再陈化。经过半年或半年以上的保存期，可形成六堡茶红、浓、陈、醇的特点。

四、六堡茶的品质特征

六堡茶素以"红、浓、醇、陈"四绝而著称,外形紧结重实,匀齐,黑褐油润。六堡茶香气纯正带槟榔香,汤色红浓,滋味醇厚,叶底红褐柔软。

五、六堡茶的品鉴要点

1. 外形品鉴

优质的六堡茶外形条索肥壮,紧结均匀,色泽黑润有光泽。年份久的优质六堡茶表面会形成一层自然的"霜",干嗅香气会有参香、木香、槟榔香、药香等不同香型。劣质六堡茶的干茶枯黑无光泽,有的表面甚至有白色的霉点,干闻有霉变的气味或酸馊味。

2. 内质品鉴

六堡茶香气纯正,以陈香、槟榔香、松烟香、参香、木香、药香或菌花香为佳;汤色以红浓、明亮清澈的为佳,忌混浊、发暗;滋味以润滑甘爽,醇厚饱满的为佳。优质的陈年六堡茶口感上应具备醇、滑、润、厚、甘、顺、活等特点。茶汤中品出现霉、异、杂、麻、钝、酸等味道,或者苦涩味明显、久不退转的均为品质欠佳的六堡茶。叶底以黑褐油亮,有弹性,色泽匀整一致的为佳。忌叶底色泽花杂不均匀,腐烂如泥,叶质硬缩、无弹性。

测试题

一、判断题(下列判断正确的请打"√",错误的打"×")

  1. 外形扁平的茶叶都是西湖龙井。( )

  2. 龙井茶摊青的目的是散发青气,增进茶香,减少苦涩味。( )

  3. 洞庭碧螺春产于江苏苏州吴中区太湖洞庭山,有西山和东山之分,以东山所产品质为佳。( )

4. 洞庭碧螺春在杀青之前要先拣剔，拣剔过程也是一个轻萎凋的过程，有利于茶叶香气的形成。（   ）

5. "象牙色"和"金黄片"是黄山毛峰区别于其他毛峰的两大明显特征。（   ）

6. 特级黄山毛峰的采摘标准为一芽一叶、一芽二叶初展。（   ）

7. 白牡丹茶区包括政和茶区、建阳茶区和福鼎茶区。（   ）

8. 白牡丹成品茶色泽燥绿或枯黄、香味青涩是萎凋过度造成的。（   ）

9. 凤凰单丛的茶树品种为凤凰水仙，其树型有乔木、小乔木、灌木三种类型。（   ）

10. 武夷岩茶做青过程中青叶气味变化为青气→花香→清香→果香。（   ）

11. 六安瓜片的毛火工序老片、嫩片分别进行，一般老片需薄摊，嫩片可稍厚摊。（   ）

12. 君山银针初烘程度要控制得当，烘得过湿会导致成品茶香气低闷、色泽发暗。（   ）

13. 用槠叶种制成的祁门红茶滋味醇厚甜润，回味隽厚，具有果香或花香的独特香气，俗称"祁门香"。（   ）

14. 祁门红茶揉捻时需遵循嫩叶重揉、老叶少揉的原则。（   ）

15. 祁门红茶发酵过度会造成香气低闷，叶底深暗不亮，多"乌条"。（   ）

16. 铁观音可分四季采制，分别为春茶、夏茶、秋茶和冬茶。（   ）

17. 冻顶乌龙的茶树品种主要为青心乌龙种。（   ）

18. 正山小种发酵时，经过5~6 h有80%以上的茶坯叶色呈红褐色，青气消失带有清香味，即为发酵适度。（   ）

19. 普洱生茶经过多年存储后，会转变为普洱熟茶。（   ）

20. 适制六堡茶的茶树品种都是灌木型的。（   ）

二、单项选择题（下列每题的选项中，只有1个是正确的，请将其代号填在横线空白处）

1. _____干茶色泽绿中透黄，呈糙米色。
 A. 黄山毛峰　　　　B. 洞庭碧螺春　　　　C. 狮峰龙井　　　　D. 梅坞龙井

2. 凤凰单丛的碰青次数一般为_____次。
 A. 3　　　　　　　B. 4　　　　　　　　C. 5　　　　　　　D. 5

3. 普洱熟茶渥堆过程中，茶堆中的最佳温度为_____℃。
 A. 55~60　　　　　B. 50~55　　　　　　C. 45~50　　　　　D. 40~45

4. _____适制高档龙井茶。

A. 龙井 43　　　　　B. 楮叶种　　　　　C. 龙井长叶种　　　　D. 柳叶种

5. _____的叶底肥厚明亮，具绸面光泽。

A. 武夷肉桂　　　　B. 大红袍　　　　　C. 铁观音　　　　　　D. 冻顶乌龙

6. 六安瓜片的外形特征独特，其具体表现在_____。

A. 芽叶肥壮，多毫有锋，形似雀舌

B. 单片顺直匀整，叶片背卷平展，形似瓜子

C. 外形挺直两头尖，条索扁平有锋苗

D. 茶形似松针，细紧圆直

7. 六堡茶初制杀青时的锅温比绿茶低，具体为_____℃。

A. 160　　　　　　　B. 170　　　　　　　C. 180　　　　　　　D. 190

8. "蜜蜂腿"是形容_____的形状特征。

A. 黄山毛峰　　　　B. 铁观音　　　　　C. 洞庭碧螺春　　　　D. 祁门红茶

9. _____有"金镶玉"的美称。

A. 黄山毛峰　　　　B. 君山银针　　　　C. 六安瓜片　　　　　D. 铁观音

10. 冻顶乌龙在日光萎凋工序中，以_____℃的日晒温度为宜。

A. 20～25　　　　　B. 25～30　　　　　C. 30～35　　　　　　D. 大于35

11. 扳片是_____品质形成的重要步骤。

A. 六安瓜片　　　　B. 太平猴魁　　　　C. 黄山毛峰　　　　　D. 碧螺春

12. 炖火是武夷岩茶传统工艺中的重要工序，炖火的温度以_____℃为宜。

A. 50～60　　　　　B. 60～70　　　　　C. 70～80　　　　　　D. 80～90

三、多项选择题（下列每题的选项中，至少有 2 个是正确的，请将其代号填在横线空白处）

1. 黄山毛峰的加工工序主要有_____。

A 杀青　　　　　　B. 萎凋　　　　　　C. 揉捻　　　　　　D. 辉锅

E. 搓团　　　　　　F. 初烘　　　　　　G. 做青　　　　　　H. 足烘

2. 用松烟香精调香的正山小种，品质表现上往往会_____。

A. 松烟香味太过刺激和明显　　　　　　B. 滋味寡淡

C. 涩味明显　　　　D. 汤中带松烟香　　E. 汤中无香

3. 洞庭碧螺春的外形特征是_____。

A. 条索纤细　　　　B. 挺直光滑　　　　C. 条索紧结

D. 茸毛披覆　　　　E. 卷曲呈螺　　　　F. 银绿隐翠

4. 适制白牡丹的茶树品种有_____。

A. 福鼎大白茶　　　B. 福鼎大毫茶　　　C. 政和大白茶
D. 福安大白茶　　　E. 鸠坑种　　　　　F. 水仙品种

5. 武夷岩茶做青适度的标准为_____。

A. 青叶呈三红七绿　　　　　　B. 叶面背卷呈汤匙状
C. 叶色黄绿具光泽　　　　　　D. 叶色鲜绿
E. 有清香　　　　　　　　　　F. 发出低沉厚重的花果香

6. 冻顶乌龙的品质特征是_____。

A. 外形卷曲呈半球形　　　　　B. 色泽翠绿油润有光泽
C. 条索卷曲、壮结　　　　　　D. 汤色蜜黄，清澈鲜亮
E. 滋味醇厚甘润　　　　　　　F. 叶底翠绿完整，略有红边

7. _____工序是铁观音茶的加工工艺。

A. 摊青　　　　　B. 渥堆　　　　　C. 做青
D. 杀青　　　　　E. 烘青

8. 普洱茶渥堆时，若温度高于65 ℃，易出现茶叶烧心的现象，会导致_____。

A. 汤色红亮　　　　B. 汤色发暗　　　　C. 滋味淡薄
D. 滋味浓厚　　　　E. 叶底展不开　　　F. 叶底花杂

测试题参考答案

一、判断题

1. ×　2. √　3. ×　4. √　5. √　6. ×　7. √　8. ×　9. √　10. ×　11. ×
12. √　13. √　14. √　15. √　16. ×　17. √　18. √　19. ×　20. ×

二、单项选择题

1. C　2. C　3. B　4. A　5. C　6. B　7. A　8. C　9. B　10. C　11. A　12. C

三、多项选择题

1. ACFH　2. ABCE　3. ADEF　4. ABCDF　5. ABCF　6. ABDEF　7. ACD　8. BCE

第 4 章 茶叶理化检测

- 第 1 节　取样
- 第 2 节　茶叶水分检测
- 第 3 节　茶叶灰分检测
- 第 4 节　茶叶粉末检测
- 第 5 节　数据记录与处理

评茶员（高级）
PING CHA YUAN

引导语

茶叶的理化检测项目很多，常见的有水分、灰分、粉末、水浸出物、粗纤维、蛋白质、氨基酸、金属元素、放射性污染物、农药残留等。其中，常规理化检测项目主要是水分、灰分、粉末。本书主要介绍茶叶常规理化检测项目中的水分、灰分的检验方法——恒重法（仲裁法）的操作程序以及水分、灰分、粉末与茶叶品质的关系。

学习目标

- ✧ 熟悉检测数据的记录要求及数据的处理方法。
- ✧ 熟练掌握茶叶水分、灰分检测的取样方法，水分 103 ℃恒重法（仲裁法）、灰分 525 ℃恒重法（仲裁法）的操作程序，水分、灰分、粉末的含量与茶叶品质的关系。

第 1 节　取样

取样是检测工作的第一步，也是非常关键的一步。如果取样不符合要求，所取的样品没有代表性，就会导致取样工作失败，同时也会给后面的检测工作带来不良后果。因此，取样工作看起来比较简单，但却非常重要，取样时必须严格按照操作规程进行，取得具有代表性的样品。

送到实验室的样品一般都比较多，必须先进行逐步缩分或将样品充分混匀，然后再从不同的部位取出检测所需数量的样品。压制茶则应直接从不同的部位取出一定数量的样品，充分混匀后供检测使用。

第 2 节　茶叶水分检测

一、茶叶水分的定义

茶叶水分是指在规定温度的空气中，茶叶试样加热时的质量损失。它是影响茶叶品质变化速度快慢的重要因素之一，也是茶叶内、外销市场的主要理化检测项目。特别是外销茶，水分含量的多少直接影响该批茶叶能否顺利出口。经国家设在当地的海关检验后，如果水分含量超过出口限量指标，就会判定为不合格茶叶，不能出口。茶叶出口公司必须对该批出口茶叶进行返工处理，经复火加工后再次检测其水分含量，达到出口限量指标要求后才能出口。否则，就必须再次进行返工处理，重新申报检验，经重新检验合格后方可出口。可见，茶叶水分含量对茶叶的质量起着至关重要的作用。

二、茶叶水分检测方法

茶叶水分检测方法很多，有烘箱法、滴定法、氯化钠试纸检定法、电测法、红外线法等。一般情况下，企业或检验部门都采用烘箱法。但有些企业为了缩短水分检测时间，及时为不同生产阶段提供具体的水分含量检测数据，常采用快速测定仪来测定茶叶水分含量。快速测定仪测定的结果准确度稍差一些，因此只能作为生产加工的参考依据，最终检测成品时，还是要用烘箱法。目前，国际标准化组织以及我国的国家标准和行业标准都规定茶叶水分检测方法要采用烘箱法。根据检测温度和烘干时间不同，烘箱法又可分为三种，分别是 120 ℃、1 h 烘箱法（快速法）和 130 ℃、27 min 烘箱法（快速法），以及本节主要介绍的 103 ℃恒重法（仲裁法）。

先用已称重的干燥烘皿称取试样 10 g（如是压制茶可用手工或工具分取试样，混匀后称取），精确到 0.01 g，然后连同打开的皿盖一同放入（103±2）℃烘箱内烘 4 h，取出烘皿加盖置于干燥器内，冷却至室温后称重。再放入烘箱内保持（103±2）℃烘 1 h，取出置于干燥器内冷却后称重。重复此过程，直到两次连续称重之差不超过 0.05 g，取最小称量值。

水分含量按下式计算：

$$X = \frac{G_1 - G_2}{G_1 - G_0} \times 100\%$$

式中　X——水分含量，%；
　　　G_1——试样和烘皿烘前质量，g；
　　　G_2——试样和烘皿烘后质量，g；
　　　G_0——烘皿质量，g。

茶叶水分含量用百分比表示，精确到小数点后一位。

测定应做平行实验，同一检测者同时或相继进行两次实验测定的结果之差每 100 g 试样不得超过 0.2 g。

三、茶叶水分含量与品质的关系

茶叶水分含量虽然不是决定茶叶品质好坏的唯一指标，但它是影响茶叶品质变化速度的决定性因素。不管什么种类的茶叶，水分含量高低都会直接对茶叶品质造成影响。一般来说，水分含量高的茶叶，其中的化学物质氧化、陈化速度较快，因此品质下降的速度也快，这对保护茶叶品质不利。相反，水分含量低的茶叶，其中的化学物质氧化、陈化速度较慢，因此品质下降的速度也慢，对保护茶叶品质有利。但是，如果茶叶的水分含量过低，也会影响茶叶的品质。水分含量过低的茶叶容易被折断成为短条或碎片，对茶叶的外形影响较大，降低了茶叶的等级规格。黑茶中的普洱茶则是一个特例，它必须有一个陈化阶段，需要一定的含水量，这样对茶叶中的物质进行陈化有帮助，能促使茶叶品质特征的快速形成。但也不是水分含量越高越好，水分含量过高，微生物活动过于激烈，茶叶就容易发霉，直接影响茶叶的卫生质量，微生物含量超标的茶叶也属于劣质茶叶。因此，茶叶水分含量必须按要求控制在允许的范围内。

第 3 节　茶叶灰分检测

一、茶叶灰分的定义

茶叶灰分通常是指茶叶的总灰分，是指在规定的温度下试样经灼烧完全灰化后所得到的残留物。茶叶灰分检测的原理是在规定的温度下灼烧灰化，将有机物分解除去，达到恒重。茶叶总灰分的含量一般为 4.5% ~ 6.5%，世界上部分国家规定了各类茶叶灰分含量的限量指标，国际茶叶标准中也规定了茶叶灰分的限量指标为 3% ~ 8%。一般来说，正茶的灰分含量要比副茶低一些，因为正茶含有的杂质少，而副茶含有的杂质则多一些。因此，正茶的灰分限量指标低于副茶。

二、样品的处理

送到实验室的样品在做检测之前都要进行处理，以保证检测结果的准确性。送到实验室的茶叶样品一般为 500 g，而用于检测的样品只有 2 g 左右，因此为保证检测准确要求用于检测的样品必须具有代表性。

首先，将送实验室的样品进行匀样，要求匀样的次数不少于 3 次；其次，在匀样后的样品中的不同部位随机抽取 20 g 左右的样品，在抽取样品时要做到多点均匀取样；最后，将所取样品在粉碎机上粉碎后取 40 目以下样品，放入密封铝盒或磨口玻璃瓶内供灰分检测用。

三、茶叶灰分检测方法

在检测茶叶灰分含量时，根据检测方法所采用温度和灼烧时间的不同，茶叶灰分检测方法可分为两种。一种为快速法，快速法的特点是温度稍高一些，检测时间短一些，但从实验的检测结果看，检测实值略高于恒重法；另一种为恒重法（仲裁法），恒重法的特点是检测结果稳定性、重现性高，因此该方法被认定为仲裁法。本节主要介绍 525 ℃恒重法（仲裁法）。

用已称重的坩埚称取磨碎的试样 2 g（精确至 0.001 g）放在电炉上缓慢加热，使试样充分炭化至无烟为止，将坩埚移入高温电炉中保持（525±25）℃灼烧至无炭粒（通常至少需 2 h）后停止加热，待炉温降至 200 ℃时取出坩埚置于干燥器内冷却，再将坩埚移入高温电炉内以（525±25）℃灼烧 1 h，取出冷却后称重。重复以（525±25）℃灼烧，每次 30 min，取出冷却后称重。重复此操作过程，直至两次连续称重之差不超过 0.001 g 为止。取最小称重值。

茶叶灰分含量按下式计算：

$$X = \frac{G_2 - G_0}{G_1 - G_0} \times 100\%$$

式中　X——灰分含量，%；
　　　G_1——试样和坩埚灼烧前质量，g；
　　　G_2——试样和坩埚灼烧后质量，g；
　　　G_0——坩埚质量，g。

茶叶灰分含量百分比取到小数点后一位。

检测应做平行实验。同一检测者（或操作者）同时或相继进行两次检测的结果之差每 100 g 试样不得超过 0.2 g。超过允许误差则判定该实验失败，需重新检测，直到检测结果符合允许误差。

四、茶叶灰分含量与品质的关系

茶叶灰分含量既是茶叶品质的重要检测内容之一，也是茶叶卫生质量好坏的重要判定指标。茶叶灰分含量应在一定范围内，过高或过低都属于不正常现象。灰分含量过高或过低，首先反映了茶叶的真假，因为在正常情况下，茶树这种植物的灰分含量为 4.5%～6.5%，超出这个范围，说明该检测样品可能不是由从茶树上采摘的芽叶制作而成的，也可能是茶叶中含有大量的其他物质。灰分含量还反映了茶叶中非茶类夹杂物含量的高低，说明了茶叶卫生质量的好坏。特别是经高温灼烧没有什么变化的泥沙、石子等的含量多，茶叶的灰分含量就会高。一般来说，灰分含量过高的茶叶，其非茶类夹杂物含量高，卫生质量差，也有可能是假茶；过低，则可能是已冲泡后的茶叶叶底经过再加工制成的劣质茶或假茶。因此，茶叶标准中对灰分含量做了严格的规定。特别是对于出口茶叶，茶叶灰分含量是必检项目之一，超过出口限量指标的茶叶不得进行复验，直接判定为不合格，一律不得出口。

第 4 节 茶叶粉末检测

一、茶叶粉末的定义

茶叶粉末是指通过规定标准筛的筛下物。它是根据茶叶的不同类别、不同花色，通过不同规格的筛网进行测定的。一般情况下，不同的茶类对粉末含量的要求大多是不同的，即限量指标不同。但是也有例外，如白茶中的白牡丹、贡眉和绿茶中的珍眉、贡熙、珠茶、雨茶粉末的限量指标是相同的，都是 1.0%。

二、茶叶粉末含量与品质的关系

茶叶粉末含量是茶叶品质高低的重要判定因子之一。特别是名优茶，茶叶粉末含量越少越好，如果含量多，茶叶的价格和等级都会明显下降。茶叶在初制过程中，由于力的作用，不可避免地会产生一些细碎的片、末茶。这些细碎片、末茶的存在直接影响茶叶的外形美观和内在质量。因此，为了保证茶叶的品质不受粉末的影响，必须将粉末含量控制在限量指标之内，超过限量指标的茶叶必须进行返工整理，使之达到标准限量要求。

第 5 节　数据记录与处理

一、茶叶水分、灰分和粉末记录表格设计及记录要求

1. 茶叶水分、灰分、粉末检测记录表格设计

（1）表头。要求列明待检测茶叶所属的单位及检测项目。

（2）内容。要求列明样品名称或茶号（等级）、批号、检测日期、检测员和复核人姓名等。

具体检测记录表见表 4-1、表 4-2、表 4-3。

表 4-1　　　　　　　　茶叶水分检测原始记录表

×××公司茶叶水分检测原始记录

样品名称：　　　　　　　　　　　批号：

	实验次数	第一次实验	第二次实验
称量记录	容器号码		
	质量（容器+样品）/g		
	容器质量/g		
	样品质量/g		
	烘后质量（容器+样品）/g		
	水分质量/g		
	水分含量/%		
	水分平均含量/%		
备注			

复核人：　　　　　　　　检测员：　　　　　　　　检测日期：

表 4-2　　　　　　　　　　茶叶灰分检测原始记录表

×××公司茶叶灰分检测原始记录

样品名称：　　　　　　　　　　　　　　批号：

称量记录	实验次数	第一次实验	第二次实验
	坩埚号码		
	质量（坩埚+样品）/g		
	坩埚质量/g		
	样品质量/g		
	烧后质量（坩埚+灰分）/g		
	灰分质量/g		
	灰分含量/%		
	灰分平均含量/%		
	干态计算		
备注			

复核人：　　　　　　　　检测员：　　　　　　　　检测日期：

表 4-3　　　　　　　　　　茶叶粉末检测原始记录表

×××公司茶叶粉末检测原始记录

样品名称：　　　　　　　　　　　　　　批号：

称量记录	实验次数	第一次实验	第二次实验
	实验号码		
	试样质量/g		
	筛下物质量/g		
	粉末平均含量/%		
备注			

复核人：　　　　　　　　检测员：　　　　　　　　检测日期：

2. 茶叶水分、灰分、粉末检测记录要求

（1）记录的数据要求清晰，不得随意涂改。

（2）如果要修改数据，要求先在原来的数据上画两道横线（要求能看清原数据），然后再将修改的数据写在旁边，最后盖好更改章或签上更改人员姓名。

（3）数据计算要求正确。

二、误差

1. 误差的定义

在介绍误差定义之前，首先要了解什么是真值。真值是指一个量（或确定的目标）在它被观测的瞬间条件下所具有的确切数（量）值，即通常所讲的真实值。

一般来讲，检测值并不是检测对象的真值，它只是客观情况下的一个近似结果。因此，任何一个物理量的真值都是很难得到的，但是可以通过某种方法来估计检测值的准确程度，或者说可以估计检测值与真值相差的程度。而这个相差的程度就是误差，即检测结果同真值之间的差值。

（1）绝对误差。绝对误差是指检测值与真值之间的差值。绝对误差虽然可以评价任一检测值的准确程度，但是相同的误差由于被检测的量不同，检测结果的准确程度也就不一样。比如：分别用 1 g 和 100 g 的标准砝码检定甲、乙两台天平，它们的绝对误差值都等于 0.02 g。但是甲天平的被测量是 1 g，这个误差相对于 1 g 为 0.02，误差所占比例就比较大。而乙天平的被测量是 100 g，0.02 g 的误差相对于 100 g 为 0.000 2，这一误差所占比例就小得多。因此，为了客观地反映测量结果的准确度，正确评价检测质量，必须引进相对误差这个概念。

（2）相对误差。相对误差是指检测的绝对误差与被测量的真值之比，通常用百分比表示。在许多情况下，特别是被检测量不同的情况下，为了对检测结果做出更恰当的评价，通常会使用相对误差这个概念。但是必须注意，绝对误差是有单位的，它的单位与检测值所用的单位相同。而相对误差仅仅是一个比值，它是一个没有单位的量。

2. 误差的类型

一切检测结果总是不可避免地带有误差，误差是客观存在的，但作为一个检测人员，应当尽可能地减少误差，使自己的检测结果更准确。因此，必须了解误差产生的原因及一般规律。根据误差产生的原因和性质，可将误差分为系统误差和随机误差两大类。

（1）系统误差。系统误差也称方法误差或固定误差。它是由固定的原因所造成的误差。系统误差会在检测过程中按一定的规律重复出现，一般有一定的方向性，即检测值总是比真值偏高或偏低。它是检测结果中误差的主要来源。

系统误差又可分为仪器和试剂误差、操作误差和方法误差三类。

（2）随机误差。随机误差又称偶然误差，是由一些偶然因素引起的误差。产生这类误差的原因是不固定的，误差有时大，有时小；有时是正误差，有时又是负误差；有时是样品造成的，有时又是操作人员造成的。总之，随机误差的出现没有什么规律。

三、数据处理

1. 检测结果的准确性

（1）准确度和精密度。有了上述有关误差的基本概念，就能对准确度和精密度有所了解，一般人们往往把这两个概念混为一谈，但在误差理论中，准确度和精密度是完全不同的两个概念。

准确度是指检测结果与真值彼此接近的程度。具体地说，就是多次检测值的算术平均值与真值符合的程度。通常用误差来表示准确度，误差越小则检测结果越准，也就是准确度越高。

精密度是在确定条件下将实验步骤实施多次所得结果之间的一致程度，即一组检测值互相接近的程度。它是用以描述检测数据分散程度的指标。

（2）读取数据及计算过程的要求。进行称量工作时，首先要判定检测仪器的感量是否符合要求，其次要正确读取称量数据。

数据在计算过程中的取舍会影响最终结果的正确性，因此在计算过程中不要轻易处理数据，如确因数据较多，给计算带来不便，也应以不影响结果的正确性为原则进行处理。

2. 数据处理的方法

一般数据的处理应根据数据取位和精确度的要求，取到规定小数点的数据。通常情况下有很多取舍方法。

（1）"四舍五入"法。"四舍五入"法是最为简单的数据处理方法。这种方法在对数据精确度要求不高的情况下可以采用，优点是简单、方便，容易掌握。

【例4-1】用"四舍五入"法将下列数据修约到小数点后一位。

$$7.542 \rightarrow 7.5$$
$$6.456 \rightarrow 6.5$$
$$7.391 \rightarrow 7.4$$

（2）"四舍六入五单双"法。"四舍六入五单双"法是一种比较科学的数据处理方法。在这种方法中对于"五"的处理方法有："五"前面是单数的均进位；"五"前面是双数且后面有数字时均进位；"五"后面全是零时"五"舍去，不进位。这种方法对数据的准确度要求更高一些，掌握的难度也要比"四舍五入"法大一些。

【例4-2】用"四舍六入五单双"法将下列数据修约到小数点后一位。

$$7.449\ 1 \rightarrow 7.4$$
$$7.664 \rightarrow 7.7$$
$$7.350\ 0 \rightarrow 7.4$$
$$7.450\ 01 \rightarrow 7.5$$
$$7.450\ 00 \rightarrow 7.4$$

测试题

一、判断题（下列判断正确的请打"√"，错误的打"×"）

1. 茶叶水分是指在规定温度的空气中，茶叶试样加热时的质量损失。（   ）

2. 按照测定茶叶水分含量的标准规定，其水分含量最终计算结果取到小数点后两位，并用百分比表示。（   ）

3. 用于测定茶叶水分的烘箱法有 130 ℃、27 min 烘箱法，120 ℃、60 min 烘箱法，103 ℃、4 h 烘箱法三种，均为快速法。（   ）

4. 茶叶灰分检测实验中，用于检测的试样质量称取为 2 g。（   ）

5. 茶叶灰分检测实验中，525 ℃恒重法检测的试样质量比快速法要多一倍。（   ）

6. 茶叶水分记录表格表头必须列明待检测茶叶所属单位及检测项目的名称。（   ）

7. 相对误差是指检测的绝对误差与被测量的真值之比，通常有单位。（   ）

8. 明白误差的基本概念之后，就能理解准确度和精密度，在误差理论中准确度和精密度完全是一个概念。（   ）

9. 检测茶叶粉末必须充分匀样，否则检测结果误差比较大。（   ）

二、单项选择题（下列每题的选项中，只有 1 个是正确的，请将其代号填在横线空白处）

1. 取样是茶叶检测工作的第一步，也是非常_____的一步。
   A. 关键   B. 麻烦   C. 轻松   D. 简单

2. 测定茶叶水分含量时，受外界的影响因素较多，一般要求做_____实验。
   A. 单个   B. 两个   C. 三个   D. 以上都不是

3. 在检测茶叶水分时，一般要求同一检测者对同一茶样称_____个试样在相同条件下进行检测，并将所得到的两个实验值进行比较，判定检测成功与否。
   A. 1   B. 2   C. 3   D. 4

4. 用 103 ℃烘箱法测定茶叶水分时，第一次放入烘干时间是_____h。
   A. 1   B. 2   C. 3   D. 4

5. 用 103 ℃烘箱法测定茶叶水分时，第二次放入烘干时间是_____h。
   A. 3   B. 4   C. 1   D. 2

三、多项选择题（下列每题的选项中，至少有 2 个是正确的，请将其代号填在横线空白处）

1. 下列是检测人员在茶叶水分检测中得到的一组数据：7.201、7.020、7.001、0.012、7.001，要求保留两位有效数字，其结果正确的是_____。
   A. 7.20   B. 7.02   C. 7.001
   D. 0.012   E. 7.00

2. 茶叶水分检测方法的种类很多，但常见的烘箱检测法有_____。
   A. 红外线   B. 电测法   C. 120 ℃、1 h 烘箱法
   D. 130 ℃、27 min 烘箱法   E. 103 ℃、4 h 烘箱法

3. 判定茶叶水分检测是否成功，主要是看_____同时或相继进行两次实验检测的结果之差，每 100 g 试样不得超过 0.2 g。
   A. 同一分析者   B. 同一操作者   C. 不同分析者
   D. 不同操作者   E. 同一检测者

4. 在出口茶叶品质规格标准中，茶叶总灰分限量指标的确定与_____无关。
   A. 茶类   B. 正茶与副茶   C. 茶梗的含量
   D. 是否是机制茶   E. 茶叶形状

5. 525 ℃恒重法灰分检测方法中，对检测样品的质量有一定的要求，下列称取符合检测要求试样的质量是_____g。

A. 2.0　　　　　　　B. 1.9　　　　　　　C. 1.999 0

D. 2.000 0　　　　　E. 2.000 3

6. 茶叶的灰分含量过低，说明_____。

A. 可能是假茶　　　B. 茶叶粉末含量高

C. 可能是已冲泡后的叶底经过再烘干的劣质茶

D. 可能是非常嫩的茶

E. 可能是非常老的茶

测试题参考答案

一、判断题

1. √　2. ×　3. ×　4. √　5. ×　6. √　7. ×　8. ×　9. √

二、单项选择题

1. A　2. B　3. B　4. D　5. C

三、多项选择题

1. ADE　2. CDE　3. ABE　4. ACDE　5. CDE　6. AC